U0815707

# 司马辽太郎

## 中国游记
## 江南纪行

[日] 司马辽太郎 著
刘子达 马妍 译

陕西新华出版传媒集团
陕西人民出版社

**图书在版编目（CIP）数据**

司马辽太郎中国游记. 江南纪行／（日）司马辽太郎著；刘子达，马妍译. — 西安：陕西人民出版社，2022. 8
ISBN 978-7-224-13902-0

Ⅰ. ①司… Ⅱ. ①司… ②刘… ③马… Ⅲ. ①游记—华东地区 Ⅳ. ①K92

中国版本图书馆 CIP 数据核字（2021）第 001287 号

**著作权合同登记号　　图字：25-2020-203**
KAIDO WO YUKU SHINSOUBAN 19 TYUUGOKUKOUNAN NO MICHI
Copyright ©2008 Yōkō Uemura, All rights reserved.
Original Japanese edition Published by Asahi Shimbun Publications Inc. , Tokyo.
Chinese translation rights in simplified characters arranged with
Asahi Shimbun Publications Inc. , Tokyo.
through YIYUAN HEJUAN Agency, Inc. , Peking

**出 品 人：** 赵小峰
**总 策 划：** 刘景巍
**出版统筹：** 李　妍
**策划编辑：** 王颖华
**责任编辑：** 王颖华
**整体设计：** 白明娟

**司马辽太郎中国游记 · 江南纪行**

| | |
|---|---|
| **作　　者** | ［日］司马辽太郎 |
| **译　　者** | 刘子达　马　妍 |
| **出版发行** | 陕西新华出版传媒集团　陕西人民出版社<br>（西安市北大街 147 号　邮编：710003） |
| **印　　刷** | 陕西龙山海天艺术印务有限公司 |
| **开　　本** | 880 毫米×1230 毫米　1/32 |
| **印　　张** | 9. 125 |
| **字　　数** | 194. 764 千字 |
| **版　　次** | 2022 年 8 月第 1 版 |
| **印　　次** | 2022 年 8 月第 1 次印刷 |
| **书　　号** | ISBN 978-7-224-13902-0 |
| **定　　价** | 59. 00 元 |

---

如有印装质量问题，请与本社联系调换。电话：029-87205094

# 写在旅途前面的

古代中国是一座宏伟的文明灯塔。

周边大大小小的国家，比如，朝鲜、越南，以及日本，都在这灯光的辉映下形成了各自的文化。

文明之所以谓之文明，在于它普遍性的意义。若是不能为他人所用，便不值得冠以文明之名。因此，被周边国家充分吸收了的古代中国文明当之无愧。

而创造了中国文明的，正是中国人。

不过“中国人”这个词，近代以前是没有的。

这个词主要普及于中华人民共和国成立之后。而且，“中国人”这个称呼是出于国籍属性，而非种族属性的划分。这一点，实在很好。

新中国制定的诸多方针政策中，最令人拍案叫绝的就是它将中国定义为一个多民族国家，且原则上将汉民族单纯视为多民族中的一个。虽然汉族人口占中国人口的绝大多数，但中国向来警惕一味宣扬汉民族优越性的做法。也许有人认为这样的姿态是为了国家利益笼络人心。因为一些少数民族就居住在中国与邻国的边境线上，一不留神就可能祸起萧墙。但我个人认为这样的解读太没有人情味了。不管怎么说，中国对少数民族的关怀是令人欣慰的，应当得到充分的赞扬。

多民族大国不止中国一个，其他像苏联[1]、美国也都是如此。但它们在文明形成的历史条件上，就没有中国那么幸运了。之所以这么说，是因为这些国家的少数民族（有没有暂且不论）在古时没有或者极少参与到文明诞生的进程中去。

而中国，有五十多个少数民族。

它们不是今天才突然扎堆出现的，而是早在公元前就存在了。而且他们都分别在古代中国文明的形成过程中扮演了各自的角色。

比如说“铁”。在中国战国时期开始得到普及的“铁”极大地改善了当时的生产环境。“铁”的古字是“銕”。这就说明历史上夷族（非汉民族）是铁最初的所有者。相传最初发明炼铁技术的是“蚩尤”，这个形象在《山海经》《管子》《吕氏春秋》等古籍中均有记载，它可能是一个酋长的名字，也可能代表某种怪物，又或者是某个有不同文化的部落名称。

我不认为民族间天生有优劣之别或是血统本身蕴藏着什么神秘力量。古时的民族不过是根据各自生产方式的不同而划分的不同部落，同一个民族间共有同一套生产方式。换言之，不同的谋生手段形成了不同的民族。

古代中国的大地上，既有从西边（或者南边）来的擅长青铜冶炼的民族，也有为中国带来了冶铁技术的民族，还有靠驾驭群居动

① 作者写作于二十世纪八十年代，当时苏联尚未解体。另：全书脚注皆为译者和编者加注。书中括号内所注内容皆为作者所注。

物谋生的游牧民族。

不同民族有不同的农业特征。长江淮河以南，种水稻，食大米。建立楚国的楚人就是食用大米的民族。而这样的楚人在不产稻米作物的中原人看来，是气质、文化均不相同的非汉族集团，所以中原人称他们为“荆蛮”。

居住在中国西北部的羌人粗放勇敢，他们是古代藏系游牧民族，与周王室有血缘上的联系。也许秦王朝的多数人口都是演变为农耕民族后的羌人。现在，羌人的后裔作为“羌族”居住在四川等地。

游牧民族也一样为中国历史添上了他们的一笔。拿战国时期的赵国来说，他们不仅在服饰方面向北方游牧民族看齐，还效仿其军事制度与战斗技巧，最终形成了君王之下皆骑兵的局面。从敬天思想到父系尊崇，游牧民族在中国文明形成的历史熔炉中扮演了至关重要的角色。

诸如此类，难以穷尽。

总之，在孕育普遍性文明这一方面，中华大地拥有人类历史上得天独厚的条件。在这片土地上诞生的文明，至少在《马可·波罗游记》[①] 问世以前，始终远胜于欧洲。

而日本，在七世纪至十世纪之间，在中华文明之碎片的基础上搭建了自己的国家与文化。

十四、十五世纪，日本再度受到中华文明的影响，并又一次将中国文明之碎片投入日本文化的大熔炉中，从而开启了有着独特美



①《马可·波罗游记》是公元十三世纪意大利商人马可·波罗记述他经行地中海、欧亚大陆和游历中国的长篇游记。

学的室町时代[1]。

我就在这样那样的思绪中踏上了旅途。

我首先探访了与遣唐使船、遣明使船以及江户时期的中日贸易渊源颇深的江苏和浙江两省，接着走过了四川广阔的田地，最后怀着一睹稻作少数民族风姿的愿望到访了云南昆明。

① 室町时代（1336—1573）：由于幕府设在京都的室町而得名，开始于足利尊氏建立幕府，结束于织田信长废除第十五代将军足利义昭。

# 目　录

1 苏州的墙 / 001

2 伍子胥之门 / 014

3 宝带桥 / 022

4 盘门 / 031

5 吴 / 040

6 吴音与吴服 / 050

7 胥门与阊门 / 059

8 逃亡之于锦带桥 / 068

9 棁与樋 / 077

10 西湖的风 / 085

11 岳王庙 / 093

12 谈 茶 / 102

13 茶田之中 / 110

14 急须壶 / 117

15 茶里的中国和日本
/ 125

16 年轻的女村主任
/ 132

17 海宁县盐官镇
/ 139

18 乾隆奇谈
/ 146

19 布袋和尚
/ 154

20 瓦流草
/ 162

21 “猹”这种野兽
/ 169

22 越州的乡村密宗 / 176

23 前往会稽山 / 184

24 禹庙和梅干 / 192

25 话 酒 / 200

26 余姚站望远 / 207

27 日本史的光影 / 215

28 宁波杂感 / 222

29 乘船而上 /230
30 戎 克 /239
31 戎克的远征 / 248
32 眼 珠 / 255
33 铜钱时代 / 263
34 天童山 / 272

# 1 苏州的墙

这是我第二次来苏州。

第一次来这座小城时，坦白说有点失望。苏州早在春秋时期就已经是吴国的都城，时代几经变迁，它也被打磨得越发秀丽，人们都说苏州是中国最古雅的城市。所以我在孩童时期，便肆意在脑海中描绘着我憧憬的苏州，它的美也因此早早定格在了我心底。

1978 年 4 月，我第一次来苏州，当时只是茫然地跟着导游上车下车，尽看些名胜古迹。

“这个无趣小城就是苏州啊。”我会这么想不怪苏州，怪我对苏州先入为主的印象，而且我觉得名胜古迹对我来说算不得好去处。

苏州的明信片和游览册上画着当年许多达官贵人的庭园，比如拙政园、网师园、西园、留园、狮子林等。这些地方每日都聚集着熙熙攘攘的游客。

这些园子面积巨大，使人不由得为其主人昔日的辉煌而连声赞叹。可是从它们身上，却看不到一个有着两千五百年历史的古都应当有的洗练、潇洒和风骨。

当然这只是一家之言，美本身并无标准，有的只是创造之人与欣赏之人的喜好。所以，我虽然没有从中国近代以前达官贵人的庭园与建筑中感受到美，但也绝无轻侮中国人民之意。

中国有句话叫“清官也三代”，在清王朝覆灭以前，地方长官私收惊人。虽然朝廷把俸禄压得很低，但为官者一旦去了地方上任，通常能利用职务之便带来极为可观的收入，而且还不算受贿。所以上面那句话就是说即使是清官，在任时捞得的好处也够吃三代的了。

且不论中国官僚制的功与过，单从科举本身的制度形式来讲，科举制无疑是近代以前世界文明史上的人类奇迹。它虽然在考试报名资格上加了些许的限制，但是只要应试者通过考试，不论是谁都即刻飞上枝头变凤凰，封官晋爵，得权得势。

这些一举成名的官员虽然个个通达于诗文，但却不是人人都有高雅的品位，反而可能正好相反。既然他们已经如愿得到了足以比拟西欧王侯的权力与财富，要是刚好又对庭园建筑也有些兴趣的话，那自然没有不放手去做的道理。如今留存下来的这些建筑体现的便是这些人的品位。

可能就是出于这个缘故，中国现存的明清以后的庭园与建筑大都不胜烦琐。

比如常见的屋檐无意义的曲度和屋顶不必要的坡度等，这些设计都不以实用为目的，而只是一味地追求细枝末节处的精致以炫耀技术。我是从日本来的，看惯了日本朴素而实用的建筑，所以在这些设计面前，我只觉得眼花缭乱、烦闷不堪。

在日本，德川家族相当于江户时期[①]的皇族，而他们建在京都的别邸——二条城，也没有这种意在炫耀的无用装饰。甚至江户初期专供有闲阶级[②]玩乐的桂离宫也不例外。

中日的庭园间也存在上述差异。

位处长江三角洲流域的太湖，是一个调蓄湖泊。湖底常有奇石，名为太湖石。大概是从宋末或者明代开始，渐渐流行起一种在庭园中装饰奇形之石的风气。

无论是有权的，还是有钱的，大家都在庭园里摆上石头。那石头的形状越是古怪离奇，就越受欢迎。于是渐渐地，在庭园里搁奇石这件事本身就成为权力与财富的象征。最初是因为石头罕见才在庭园里放上一两块，然而最终人们却让整个园子都立满妖怪一样的大白石头，这已非美学欣赏上的需要，而单纯是个人激情的满足了。

古时候，有的民族擅长创造音乐的美，有的民族擅长创造绘画的美，而中华民族擅长创造的是绝无仅有的、艳压群芳的美。但就是这样一个民族，却让本国美学的发展因为拘泥于技术的全方位展示而走入死胡同。试用唯物史观来看，其原因很可能就在于被迫逢迎了这些一举成名的高官们。

我的国家是漂浮在东方之海的岛国。说起日本的文化，不论是绘画、雕刻，还是建筑与庭园，都是十一世纪以前的中国教的。所

① 江户时期（1603—1868）：是日本历史上武家封建时代的最后一个时期。从德川家康在江户开创幕府开始。

② 有闲阶级：指有资产、不需要拥有固定职业、生活富裕又多闲暇的人们。

以我猜想在唐朝以前，这种对造型细节的过分推崇还没有在这个匠人之国流行起来。

日本对中国文化的吸收，大体分为两次。

第二次发生在十四至十五世纪，也就是镰仓、室町时代[①]。明朝文化以禅宗为主要媒介传入了日本。当时有很多日本的禅僧渡海访华，主要目的地是浙江省的杭州湾沿岸。那附近便是崇尚在庭园里搁太湖石的地界。

在外来文化的刺激下于室町时代开花结果的日本式石庭（枯山水[②]），恐怕也是被这里摆弄太湖石的庭园风格影响了。不过，所幸日本没有全盘吸收中国达官贵人式的审美嗜好，这可能是因为同时传入的禅宗美学的抑制力，也可能是因为日本当时并未出现中国这样权力与财富集中的典型。

浮夸的高楼大厦，不看也罢。

苏州之美，首先在民居。

这古城里，大小运河四通八达。

由于苏州位于由长江及其支流冲击而成的平原正中，所以如果不像布网似的凿河排水，可能也就不能在土地上建造城市。

城内的运河都很狭小。河水两岸用石堆加固。那些石块里面兴许还混杂着两千年前的东西。

运河边，民房密集。每一家的白墙上都染着生活的渍物，看来

---

① 镰仓、室町时代：镰仓时代（1185—1333）是日本历史中以镰仓为全国政治中心的武家政权时代。室町时代开始于 1336 年足利尊氏建立幕府，结束于 1573 年织田信长废除将军足利义昭。

② 枯山水：不用水，只用石块和沙砾等表现山水风景的园林景观。

大部分都有数百年的历史了。越是老旧的房子越是有一种古雅静谧的风趣。而威尼斯虽然也是寂静的，但却没有这里古墙下蕴藏的历史厚度。

1978年来苏州的时候，我游访名胜古迹走得累了，晚饭后在老城南边的苏州饭店里打发时间，里面面积很大。从大概是清末绘制的苏州地图来看，这个面向外宾的酒店处在一个既像是田园、又像是沼泽地的位置。然而就在这里，人们挖池排水，建起了一座现代化的酒店。

晚饭后，我在酒店内散步。正门大约朝北，我走到那里的一处保安室前与看门的工作人员打了个招呼，走出了门。一出门便是梧桐大道。商店不多，入夜有些冷清。太阳早已落了，路上不见行人。

这条东西向的大道现在叫“友谊路”。依老地图所示，沿着这条道向东走，就能到达苏州城的东门之一——葑门。

“葑”即自然生长在水边的茭白（禾本科多年生草本）。在中国，人们会把它的种子和新芽作为食物。在潮湿多雨的江南，茭白几乎是具有象征性意义的杂草。茭白在水边几度生长几度枯萎，日子久了就化作泥土，最后创造出可以耕种的土地。人们在那上面种植水稻、蔬菜，于是就成了旧时所谓的“葑田”。“葑门”这个名字大概与“葑田”也并非全无关联吧。

道路两旁的梧桐树枝叶交错，让友谊路如同隧道一般。我出门后迅速穿过这大道，沿着小巷向前摸索。其实也说不上是摸索，因为十几步后便到了一座石桥。这也就意味着，友谊路北侧的居民区后面流淌着一条运河。而石桥就在这淤塞的运河之上。

架在陋巷的这座无名之桥，有着典型的中式构造，这种构造也曾经影响过长崎的眼镜桥等。这桥不是半圆形的，上桥走了几步，脚下就踩着平坦的路了。从平坦之处再走十几步，终于又重新感觉到了坡度。

民房依傍运河而建，各家的白墙都挤在一起。影影绰绰的橘色街灯平添了夜的静谧，我伫立桥畔，仿佛融进了一幅水墨画中。

各家的石灰墙浮现于夜色里，好像处于“无我之境”中看到的斑斓尘世。

这次来苏州，我想再到这跨着陋巷石桥的居民区看看。

不过隔了三年，酒店区域内又建了一个酒店。巴士进入酒店后，经过我当初住过的楼，停在路尽头一栋新楼的门前。

“姑苏村”——门前的玻璃板上映着三个用墨写的字，想是这个酒店的雅称，它的正式名称是“姑苏饭店”。毋庸赘言，“姑苏”是苏州的别称。它原本是山的名字，因为一句“姑苏城外寒山寺”的诗而广为人知。中国物事的历史渊源都极宏大和久远。前面说过苏州城是春秋时期吴国的都城，吴王阖闾是越王勾践的仇敌，他在这姑苏山上建造的城阙就叫作“姑苏”。阖闾之子夫差与美人西施在姑苏游玩、陷入爱情的传说也与这姑苏山上的城阙相关。这些赋予了这家新酒店传说的色彩与诗情的浪漫。

我放下行李，吃过晚饭，邀画家须田君一道出门。

建筑内外都挖了新的池子。古人用挖池排水的方式给低洼潮湿之地“去湿”，这一古老的智慧现在也依然发挥着作用。

我们在酒店院内走了很久，等到靠近正门才发现，两侧的墙原来是由许多十几米高的珊瑚树并排而成的。可能上回来的时候就已来过那里了，但我稀里糊涂一点儿也没注意到。这些并排的树被修剪得宛如巨大的建筑。虽然这样的树墙在京都的银阁寺也能看到，但规模就远远不及了。

我就像当初做过的那样，穿过夜幕下的友谊路，走过无名的石桥，远眺对岸的一户户民居。

眼前的景象与之前见到的别无二致，连墙上的污痕都好像没有一点儿变化。可是，给我的印象却比过去更震撼了。

“这比巴黎的墙更美。”须田君说。

绘画给人的冲击常常建立在对比之上。联想，必有其原点。而对于作为画家的须田君来说，他此时联想的原点恐怕就是佐伯祐三（1898—1928）[①] 有感于巴黎之墙而创作的一系列作品。佐伯几乎是唯一一位用绚丽的油彩表现出东方玄妙的画家。他把巴黎民居的古老墙壁化作美的符号刻在了日本人心中。

苏州古民居的墙壁是用砖砌成的，结构简单却有力。它强度高承重好，铺上重重的瓦顶也没事。

砖并不是直接暴露在外的，外面有一层灰泥浆，既能加固墙壁又能防漏雨。

砖墙是房屋结构中的主要部分，它非常厚实，从门窗等开口处也能看出来。它看上去足有二十厘米厚，防寒避暑肯定够用了。

每间房屋都无一例外有着厚厚的墙，与日本近世[②] 用于城防的

① 佐伯祐三：西洋画家，师从法国野兽派画家弗拉曼克，有许多描绘巴黎街头风景的作品。

② 日本近世：指安土桃山时代和江户时代。

白色石灰楼一样。但却完全没有中国其他奢华建筑中常见的无用装饰——那些享乐主义而非力学需要的产物。因此它们从造型上看就简洁有力，像小块头相扑力士[①]那样紧实有分量。与奢华建筑年久失修就会让人感到荒凉破败不同，由砖墙、灰浆和仙贝[②]似的薄瓦顶构成的苏州白色民房，若是时日久了变旧了，反而散发出一种哲学的味道。

但是，与佐伯祐三感受中的巴黎之墙却又不同。

巴黎的旧墙就如筱山纪信[③]在《巴黎》（新潮社期刊）中向世人展现的那样，有着日本人所偏爱的窑变色调。这种色调又不禁让人认为那墙壁的色彩是被某段历史中的大火烧就的。而苏州之墙，几百年来浸润着浑浊的运河之水，与桥畔垂柳两相映衬，隐隐地流露出水墨画的淡雅韵味。

“您不觉得像西班牙吗？”我问同行的山崎君。他去年利用假期，与高中时代的友人一同去了西班牙乡间。

“我正这么想。无论是房屋结构，还是给人的感觉，都一模一样。”

我们脚踩石板路走进民房间的昏暗小道。山崎君叹了一口气，喃喃道：“越发像西班牙了。”

我也曾有同样的感受。

这种苏州式的民居，只限于长江南岸的地方小城里，而非广布中国全域。

---

① 相扑力士：相扑是一种发源于中国、现在流行于日本的摔跤运动。相扑力士是职业相扑运动员。

② 仙贝：用面粉或米粉烤制的日本点心，薄而脆。

③ 筱山纪信：日本知名摄影家。

太湖湖畔的无锡（与苏州同属江苏省）就是其中一个。

那是 1975 年 5 月的某一天，日落后，我走进无锡小城。小城入口的街道很宽敞，民居散落在各处。那里给我留下了散文式的印象，仿佛现在还能闻到当时小城工厂飘出的铁锈味。铁匠铺里，有人在屋里唯一的灯光下劳作。

“这是无锡。”同行的中国人告诉我。他说这座城市从汉代就有了，不知何时起开始产锡，又不知何时起不再产锡，于是便得了这个地名。不过相较于此，从华北而来的我更关心此地的民居。白白厚厚的墙上开了四方的窗，窗上镶着铁制的窗棂，窗里透出暖橘色的光。这样的民居我后来在苏州见了很多，它们给我一种西班牙乡间的感觉，虽然我从未去过。

我最初来苏州是和松原正毅君（国立民族博物馆副教授）同行。他专攻西亚特别是土耳其民族学。松原君也对这无名桥、运河和民居群的风景很感兴趣，于是第二天又和我一道去游访了。

太阳也没能拂去这街道奇异的美。虽然我没亲眼见，但据早上闲步至此的人说，他们看到了女人们在运河边洗夜壶的一幕。而待我走来，则家家户户门前都晾晒着夜壶。夜壶是用厚木做成的太鼓模样的小桶，每一个都显出岁月的痕迹，泛着暗淡的黄光。

松原君是学考古出身。没记错的话，他的硕士论文与长江沿岸的古代稻作文化相关。因此，他对这里（古代楚、越、吴）的文化感知敏锐。

走着走着，我脑海中冒出一个不太成熟的想法。

首先我们知道，古代中国对边境的管控没有那么严格，这就为从四面八方流入的不同文明提供了一个巨大的熔炉。

而且据古代文献记载，在长江流域形成稻作社会的楚、吴、越，与在中原地区的商周相比，异文化的味道十分浓烈。有人认为楚国语言属于古泰语系。

假设这个说法成立的话，就说明该区域耕种稻田的人原本是古代泰语民族。这个推测非常有趣。古代泰语民族的后裔可能就是如今云南一带的少数民族。这也就是说，居住于山间河谷的古代楚人，由于缺乏对外交流，如今以“少数”的形式留存了下来。

且按下不表。

话说在中国，从南海而来的阿拉伯人是从唐代开始开展贸易活动的。元代也大规模地从华南港湾沿着河川进入内陆。到了明代这种现象也没有停止。

众所周知，阿拉伯人在从八世纪起的几百年间，将包括西亚在内直至西班牙的地中海沿岸国家都染上了伊斯兰的颜色，特别是伊比利亚半岛的基督教徒（西班牙人）从八世纪起就一直在伊斯兰教徒的支配下。他们所处地区虽然在地理上属于欧洲，但实际掌控他们的却是伊斯兰世界。那时的伊斯兰世界既掌握了航海技术、天文学和数学知识，还握有精锐的军队。

在四周筑起砖墙、涂上白色灰浆的民居建法，原本是伊斯兰世界的产物。

这样的建造方法，同一般的木造建筑一样，不需要多专业的技术，只要邻居们凑在一起出力就是外行人也建得起来，而且它防风挡雨（但是抗震力弱），耐久力强，防寒避暑，还不难看。于唐代、元代、明代大量来华的伊斯兰教徒不只在一些港口城市（包括他们当时称之为“zaiton”[①]的泉州在内）安营扎寨，还沿河深入内陆定居并发展商贸业务。这些西亚风格的建筑没有对中国产生影响是不合情理的，因此我认为无锡和苏州民居的原型就是在这种影响下诞生的。在中国这样的地理文化环境下，外来的不同文化可以轻易地流入熔炉，并且最终重新塑造出具有普遍意义的文明。考虑这样的历史背景，上面那番有关苏州民居的推测应该说也是合乎道理的。

沿运河散步时，我请教了松原君上面的问题。曾经在土耳其乡间居住且进行过野外考察的松原君，也为这长江流域的民居与西亚民居的酷似而惊叹不已：“我也这样想。伊斯兰世界掀起的巨浪一路奔腾而来，也许这一带就是其东进的尽头。”他大致表述如此，对我的观点表示了赞同。

绿意渐浓，此番旅程也有松原正毅君相伴。比起民居的外墙，他好像更希望进到内部看看居民如何做饭、又会使用哪些工具等。无奈停留苏州的时间有限，他最终没能有这样的机会。

而我，依然着迷于民居的外墙。

比如石灰这东西。日本古时写作“石灰”，发音是“isibai”。

1972 年，日本在高松冢[②]发掘出了壁画，其底面就涂着石灰。其他还有很多在古墓内使用石灰的例子。另外在平安时代，皇宫的



① zaiton：福建省泉州市旧称“刺桐城”的音译。

② 高松冢：高松冢古墓位于奈良县高市郡明日香村，是飞鸟时代末期的古墓。1972 年在墓内发现了彩色壁画。

清凉殿里有“石灰坛”；天皇御用的四方拜①场地也是涂了石灰的。所以自古时起，石灰主要是皇宫用语（《日本山海名产图会》）。而在江户时期出版的几种物产百科的书中，有关石灰的描述是这样的——挖沟造墙，以及一切能装水的器物或构造，“不靠是物则不成，实乃天下至宝矣”。

据考古学教授森浩一说，日本古坟时代有焚烧贝壳和挖石灰岩两种石灰制法，安田博幸通过分析古墓的微量物质，得到了多种能证明其来历的结论（橿原考古学研究所《通过对古代石灰进行化学分析而得到的一些看法》）。

所以，中世②以前，石灰虽然在宫殿、城郭、寺庙中都有使用，但在普通民众的家居中应该尚未普及。这就是我那个有些乱来的想法。

以下，是连旁证也算不上的证明。

在庆长十四年（1609），大坂之役③之前，平户岛的松浦家族从德川家康处获得了与荷兰通商的许可。于是，荷兰人在平户的崎方市建立兰学④馆，之后又于十七世纪三十年代在海岸边修建了仓库。仓库墙壁至今还有部分被保留下来，墙体由扁平的石块与砖头堆积而成，而其中起到黏合作用的就是石灰。砖是在巴达维亚⑤（雅加达）烧制的。据传石灰也是通过船运来的，但事实恐怕并非如此。

---

① 四方拜：元旦皇宫内举行的仪式。天皇拜天地四方之神，祈求五谷丰登和天下太平。

② 中世：日本史中指镰仓时代和室町时代。

③ 大坂之役：指江户时代早期江户幕府消灭丰臣家的战争，战争主要范围是大坂城附近。

④ 兰学：江户时代中期以后，通过荷兰语传入的西方科学文化知识。

⑤ 巴达维亚：1596 年，荷兰侵占了印度尼西亚，1621 年把雅加达改为荷兰名字“巴达维亚”。

后来荷兰人从平户撤出，进入长崎。我想很多人都知道，在日本锁国时期[①]长崎港湾只对荷兰与大清开放。

长崎的唐人屋敷[②]（现在的馆内町[③]）等地应该有很多地方用到了石灰吧。

长崎城内有个名叫“本石灰町”的小片区，如今有很多简易酒吧。在过去石灰需求量很高的年代，这里可能聚集了大量业内人士和泥瓦工人。

其实写成“石灰”是比较好的，但是如今日本却普遍用“漆喰”（发音为“sikkui”）这两个匪夷所思的汉字来代替[④]。

文字的变迁向我们展现了事物的变化轨迹。在人们称石灰为“isibai”的时代，普通民众中使用石灰的还很少见；而当人们开始称呼它为“sikkui”后，石灰便像书里写的那样，成了“天下至宝”，被普遍使用着。

“sikkui”可能来源于中国清朝的方言。在与日本渊源甚深的浙江、江苏两省，“灰”的发音就类似“kui”。在这次旅行中，我每逢浙江人便请教他们“石灰”的发音，听起来像是“sokkui”。

夜晚，我走在苏州的小巷，两侧是古旧的石灰墙。石灰，让我重新意识到江南对日本的影响。



---

① 锁国时期：日本闭关锁国是日本江户时代德川幕府实行的外交政策。在 1635 年开始实行，直到 1868 年德川幕府被推翻为止。

② 唐人屋敷：江户时期在长崎的中国人集中居住地。又叫唐馆。

③ 馆内町：位于长崎市内，当时的唐人屋敷所在地。

④ 日语有将汉字作为“当字”的用法，即直接借用汉字对日文假名进行表记，而无视该汉字原本意义。这里“漆喰”就是“**シックイ**”的当字，代指石灰。

# 2 伍子胥之门

“如果可以的话，我想绕苏州古城外围转一圈。”

头天夜里，我把如上愿望告诉了中方负责人。

至于市里的名胜古迹，一方面我上次已去过，另一方面我对它们提不起兴致，所以我也跟对方说不必去了。但是我们一行人中第一次来苏州的占多数。既然来了，若是不看看有名的寒山寺和虎丘就走实在可惜。就像去东京观光的人也心心念念要去练马区[①]和葛饰区[②]这些地方一样。还有人执意要去博物馆。就这样，一行人因为各自不同的愿望而分头行动了。

而我，虽然提出“绕城一圈”的想法，但其实也没想过那里究竟会有些什么。

---

① 练马区：以拥有众多的漫画家而闻名，也是很多著名动漫的故事舞台，有“日本动漫发祥地”之称。

② 葛饰区：电影《菊次郎的夏天》的外景地柴又帝释天和漫画《乌龙派出所》的故事舞台龟有公园都是葛饰区的著名景点。

我想对苏州有个大体上的概念。虽然要达成这个愿望，住在这儿是最好的，但如果我能在这南北向的四方古城外围绕上一绕的话，是不是也能对它有些许的了解呢？

从结果来讲，我如愿以偿。

走出挂着“姑苏村”匾额的亮堂大门，外面等着辆小型巴士。

为我们做向导的吕松先生是江苏省对外友好协会分会的副秘书长。年过五旬的他脸颊饱满、皮肤细嫩，活像坐在研究室里的日本传统女子大学教授。且吕先生是江苏生人，又熟悉历史。何其有幸。

苏州外围本来是有墙的，但奈何交通不便，最终和中国大部分的城市一样拆去了围墙。

过去，这座四方的城市被城墙和运河环抱。中国城市的运河大抵分为内河与外河。内外两边的运河向下凹陷，运河之间的城墙向上凸起，这样一来即便是暴露在平原之中的小城也坚固难攻。

这环抱城市的运河同时也是运输远方物资的水路。这些物资要在城门外卸货。为此，每个城门外都像河港似的，水上船只来来往往，陆上集市熙熙攘攘。现如今，城门虽未留一二，但旧时城门外的“河港”却保留了集市的职能，依旧热闹。

车开动了。吕先生坐在斜对面，扭过身来对我亲切地笑笑。我想这时如果不说点什么可能会不太礼貌，于是我问了一个无关紧要的问题。

“伍子胥（前559—前484）死前说，‘要把我的眼珠挖出来悬在城门上，亲眼看吴国灭亡’。这里说的门，是哪个门呢？”我问道。

伍子胥，春秋时期一位个性鲜明的政治家。由于中学汉文教科书里有他的相关记述，所以与我同年代的人应该都很熟悉。

不过上面那个问题是我偷别人的。上回我来苏州的时候，同行的还有桑原武夫君和小川环树君。当载着我们的车劈开熙熙攘攘的人群一路挤出城墙时，桑原君回头看着背后的城门道："伍子胥要悬双目的城门不知在哪儿啊？"

那神情，像是在问谁又像是自言自语。

伍子胥的故事在《史记》里有记载，年代近一点的在《十八史略》[①]中也有。在我那个年代的中学汉文教科书里，关于伍子胥的描述大概率是摘自《十八史略》的小故事，但在桑原君读书的时候，教材很可能选取了大段出自《史记》的翔实叙述。

然而故事的舞台是春秋时期，我不认为故事里的门是真实存在的。就连故事本身的真实性也值得怀疑。可是即便如此，桑原君还是对那个门念念不忘。一想到他那旺盛的好奇心，我就感到有趣。

"是葑门。"

我吃了一惊。吕先生通过当地的翻译吴少媛女士转达了他的回答。这位女士眉眼分明、鼻子直挺，是典型的浙江相美人。

据旧地图来看，葑门就是我们酒店附近的城门，它在酒店正门那条友谊路的东头。

吴国之敌国越国的都城，便是如今的黄酒产地，也是作家鲁迅先生的出生地——浙江绍兴。

---

①《十八史略》：最早刊行于元朝，是对以各朝政史为主的十八种史书的节略。在日本曾被定为教科书，影响深远。

绍兴就在吴国都城苏州的东边，若越军来犯，东门自然首当其冲。

吴国重臣伍子胥对所奉君主吴王夫差屡次劝谏："越王勾践卧薪尝胆，意在复仇。他如今只是表面谦恭，日后定会举国来攻。"可是夫差却未听其言，也没有做出任何应对之策。后来夫差听信谗言，赐剑伍子胥，暗中授意其自戕。

伍子胥死前对家人说："我的预感不会错。我死后，越军会大举杀来，灭了吴国。我要你把我的眼珠挖出，悬于东城门上。我要亲眼看着越军来袭。"

这就是《史记》中写的"而抉[①]吾眼县[②]吴东门之上"。

苏州城的东门就是葑门。听吕先生这么一说，果然不错。

据《史记》记载，伍子胥死后，吴王夫差怒而裹其尸于革袋，投入长江。吴人怜之，为其立祠于江畔，后来这山便叫胥山。

不过，至于其家人是否真的挖出了他的双目悬于东门之上，《史记》却未做交代。

伍子胥本来是楚国人。

从史书的记载可以看出，促进了长江沿岸稻作社会发展的楚人与中原汉人性格不同。他们情绪高昂、执拗易怒、修辞华丽且迂回曲折（读屈原之诗即可知）。不知是不是出于这个缘故，革命家中生于湖南的有很多。再加上他们性格相仿，不免有人觉得这背后有地理历史的因素。比如毛泽东先生，就是典型的生于湖南的革命家。

伍子胥一族在楚国也是名门。

---

① 抉：挖出。

② 县：通"悬"。

其父伍奢在楚平王手下供职。楚平王因错信佞臣谗言，杀害了伍奢与其长子。次子伍子胥逃往别国，发誓要对楚平王复仇。与中原一样，家族观念是这一时期楚国伦理的根基。而楚国比中原更为典型，比起君臣，父子间的伦理道德更受世人推崇。

伍子胥逃出楚国后在各国间数度辗转。他先是到了宋国，至宋灭亡后移步晋国，后来又转投郑国。最后，他终于在南边的吴国成为吴王僚的谋臣。伍子胥鼓动吴王僚伐楚，吴王僚从之，屡战屡胜。

伍子胥是个城府极深的阴谋家。他不光策划了吴国王室的政变，使吴王僚横死，还将公子光推上王位。这位新王就是吴王阖闾。在伍子胥的侍奉下，新王常常在与楚国的交战中获得胜利。

终于，雄踞浙江省的越国传到了勾践的手里，越国日益强盛起来，所谓的吴越之争也就开始了。

几度交战之下，吴王阖闾中箭而亡。他临死时，令公子夫差发誓必报此仇。

于是夫差养兵蓄锐，在充足的准备下终于击溃越军，将勾践围于会稽山。勾践本该命绝于此，但他用尽一切手段最终获得了夫差的信任，让夫差饶了他一命。这时，伍子胥力主杀了勾践："勾践本为贤君，加之武官有范蠡，文官另有贤能。他日，必起祸乱。"

然而夫差却没把他的话放在心上。

后来，越王勾践果如伍子胥所言开始卧薪尝胆，而吴国的夫差却开始疏远起前朝老臣伍子胥来。伍子胥屡屡忠言劝谏，却只惹得夫差愈发嫌恶他。君臣之间，形同水火。终于，越国派来间谍挑拨离间，伍子胥进了最后的谏言后，便被赐死了。

叫嚣着“我要看着吴亡国！”的伍子胥，有着强烈的个人情感。而在中国历史上，这种鲜明个性虽然在春秋末期至战国期间开出了绚烂的花，但自汉代以后反而日渐薄弱了，可以说伍子胥是其中先驱一般的存在。

把我的眼珠挂起来——在二十世纪的日本也有人这么说。他是桐生悠悠[①]（1873—1941），曾毫不留情地批判昭和时期的军国主义。他因触犯了军队的忌讳转而做《信浓每日新闻》的主笔，于晚年主办个人杂志《他山之石》，最终于昭和十六年即太平洋战争爆发后因病去世。他在喉癌恶化时，听取了别人劝他废刊的意见，并写下了壮烈的诀别词：“我很高兴将从这个惨无人道、日益堕落的地球上消失。”

“其实伍子胥的眼珠并没有被挂在东门（葑门）。”吕先生说出了令人意外的话。

据说，由于吴王夫差不喜伍子胥关于越军将从东方攻入的预言，故特意命人将他的双目挂在了背对越国的西门（称作盘门）之上。

我没有追问吕先生是如何考据的。应该就是来源于在那以后民间广为流传的故事。不过在中国，传说和故事有时也会因为考古证据而得到印证，所以从这个意义上来说，相信传说也不能说是迂腐。

照旧地图看来，苏州四面的城门是下面这样的：

东面城墙，从北到南依次是娄门、葑门。

北面城墙，是齐门。



① 桐生悠悠：记者，评论家。因批判军国主义而为人所知。

南面城墙，没有城门。

西面城墙，自北起依次是阊门、胥门、盘门。

盘门，坐落于苏州城的西南角。只有这座城门，虽然也是经明朝修补过的，但基本上算是完完整整地保存了下来。我们决定去那里看看。

“有个门叫胥门啊？”我问道。我想这个城门可能与伍子胥有些渊源。

“‘胥’是从伍子胥的名字来的。不过，与他的眼珠无关。”

据说伍子胥还开凿了运河，从伍子胥生活的年代来看，他开凿的运河自然是中国最早的运河之一，人们现在也依然使用着它。虽然只是条运河，但自古以来人们都郑重地称它为“胥江”。那门就在这“胥江”旁边，所以也就成了“胥门”。

万里长城和大运河是中国历史上最伟大的土木工程。

但如果没有一声令下就能调动全国力量的强大政权，这两件大工程是无论如何也做不成的。众所周知，大运河是隋炀帝（569—618）主持修建的。隋朝也因此一蹶不振，寥寥数年间便覆灭了。

原本中国的江河都是由西向东流。而大运河贯穿南北，极大地促进了货物流通，尤其是有了运河之后，人们利用它将大米从长江下游富饶的产地运往长安、洛阳等都市，中国南北因此连成了一个经济圈。所以，虽然开凿了大运河的隋朝福浅命薄，但大运河本身却向远而生，这也为之后的中国统一打下了基础。新中国的大小运河也如同国家动脉一般遍布大江南北。

车子继续南下。

不久后，我们来到一个位于苏州城外的大小运河交汇点，吕先生指着水量明显增大了的远处说："那就是隋朝开凿的大运河。"

水意外地蓝，澄澈的水面上成队的船只往来如梭，像荷兰铜版画[①]上的风景一样，一切都缓缓地移动着。



① 荷兰铜版画：指在金属版上用腐蚀液腐蚀或直接用针或刀刻制而成的一种版画。

# 3 宝带桥

说个题外话，这次旅行之前有位中国作家来看我，我们是老相识了。我们朝着大阪市区开车上了高速公路。不一会儿，右手边就出现了大阪城[①]的天守阁[②]。

“那个建于十六世纪的大阪城，是当时日本最大的城。”

听我这么一说，这个性子平和的人接着问道：“城墙在哪里呢？”

我急忙跟他解释，日本的城没有那种外围的城墙。

我们虽然从中国借用了汉字，并将汉字与它们固有的用法相结合，从而创造了自己的语言文化，但“城”这个字，可能是我们错用了。比如，“鲇”字在中国指鲇鱼，而它传到日本后却剥落了意思只剩

① 大阪城：是日本三大名城（另外二城是名古屋城和熊本城）之一，建造于安土桃山时代（织田信长与丰臣秀吉称霸日本的时代），曾经是丰臣秀吉的居城、丰臣政权的中心。于江户时代重新修筑。

② 天守阁：是城堡的中心建筑，是所在地大名或城主政治权力和地位的象征，过去也是军事防御设施。丰臣时代的天守阁因为战争烧毁，现存的天守阁建造于 1931 年，是模仿丰臣时代的天守阁外观所建造的。

下文字，结果被我们误用来代指香鱼。又比如“柏”在中国一般指常青的柏树，而到了日本却变成落叶乔木槲树，所以“城”字极有可能也是这种情况。

在中国一提起“城”，一般都会浮现出城市的意象。而中国的城市因为有城墙在外面围着，所以防御性能十分优越。也许就是因为这个特征，待这个字传到日本后，人们便用它来表示那种与民众生活相脱离的防御性建筑“siro”[①]。

在古代，中国也把城市围上城墙，建立起所谓的城邦。

关于“城邦”这个词，定义尚未明确。在古希腊古罗马繁盛时期，城邦以自由的市民团体所组成的共同体为中心。这样的形式，在古代中国是没有的。不过话说回来，古希腊和古罗马的城邦在尚未定型时，与古代中国还是有几分相像的。

此外，城邦的其中一个定义就是“四周围有城墙，且城内有大量市民居住的城市”。如果按这种不算严格的定义来看的话，古代中国也曾经历过城邦时代。

由于“城邦”这个词很容易给人一种古代罗马和希腊的感觉，所以下面避开它单纯使用“城郭城市”这个词。与中国的“城郭城市”相似，不，应该说一样的构造在古代西亚也存在。想到这里，便不能不为人类文明的奇异而惊叹。古代印度、美索不达米亚还有古代埃及，都跟古代中国一样是城邦文明。

这样看来，古代中国文明不是孤立的文明，而是属于亚欧大陆

① 前文提过的当字现象，发音是“siro”，字用“城”表示。

文明中的一部分。

中国的“西域”在汉代开始崭露头角，人们对它从自然、人文、政治地理等各方面均产生了清晰的认识。然而虽然没有文献记载，但早在汉代人注意到这承载着东西文明的魅力回廊之前，文明的交流就已经像流水一般自遥远的古代绵延至今。这一点，就算没有直接证据，也基本可以断言。

人们把土捏成便当盒的形状，在太阳底下晾干，这就是中国的砖了。只是，少雨的沙漠地带尚可利用太阳晾晒，而在多雨地带的话，那些土没等晾干就会“溶”在雨里。于是，人们想到把它放进窑里烧。不断重复同样的步骤，就能建成城墙。即便现在，在新疆维吾尔自治区，维吾尔族人也依然用这种方式（西亚方式）盖房子。造砖之前要先在地面上浇满水，接着把变为泥状的地面像切豆腐块一样垂直切断，然后就只需要从地上把它们铲起来。铲起来的砖在砌成墙的过程中就会干了。虽然这个法子在中国内地行不通，但原理都是一样的，只要不断地重复，就能造出城墙。

在中国，商朝（妥当的说法应该是前 1600—前 1028[①]）时期就已经有城墙了。

殷墟[②]位于河南省安阳市。当地人从公元前就称呼此地为殷墟。文献方面最初有记载的是《史记》。毋庸赘言，《史记》里出现的“殷墟”肯定不是考古遗迹，而是一个地名。公元前 207 年 7 月，项羽（前

① 现通用说法为公元前 1600 年至公元前 1046 年。

② 殷墟：中国商朝后期都城遗址。殷墟是中国至今第一个有文献可考、并为考古学和甲骨文所证实的都城，由殷墟王陵遗址、殷墟宫殿宗庙遗址、洹北商城遗址、甲骨窖穴等构成。

232—前 202）在巨鹿大败秦朝名将章邯，而后就在这殷墟受了降。当时的项羽不会知道自己脚下竟沉睡着如此巨大的商朝王都。

对殷墟的发掘是从 1928 年开始的，它的规模极大，到新中国成立后也一直在持续。殷墟中发现了四方的城郭遗迹，其中一边据估计有 2 千米长，它的面积比后世的城郭城市要小。

而 1950 年，新中国又在河南郑州发现了一处商朝遗迹，它比殷墟的年代更为久远。人们从郑州的遗迹中也挖出了城墙，它是商朝早期的建筑，与殷墟出土的城墙几乎是同等规模的。形状大致是正方形，边长在 1.6—2 千米之间。

在郑州遗迹和殷墟中发现的城墙都不是砖墙。

它们用的是一种叫“版筑”的建墙技术，就是在两块木板间填土压实，使其成为墙体。其实就是民间所说的“夯土”，现在也依然在用。中国的古坟也是用这种办法夯实的。

这与日本民房中土间[①]所用的三合土[②]（也写作“敲土”或“叩土”)在原理上是一样的。日本的土间，就是由泥瓦匠涂上混有石灰粉、沙砾和盐卤的黏土后敲实加固而成的。而且，我在《街道漫步》（第十卷）中提过我去山形县米泽市的经历。那时我拜访了上杉氏族[③]的居城，惊讶地发现那里遗存下来的居城中心的堡垒，竟然不是石壁



① 土间：日本传统民房里，起居空间是高于地面铺了地板的一块区域，土间就是指那块与地面同高且与室外相连的地方。

② 三合土：是由石灰粉（或消石灰粉）、黏土、细沙为原料混合而成的，主要用于建筑物的基础、路面或地面的垫层。

③ 上杉氏族：是古代日本一个名门氏族。原为公家，受命统治关东。在镰仓时代、室町时代及江户时代均拥有一定地位。

而是土墙。这是一个朴素的“版筑”范例。

可是中国的建筑从商代起就已经很奢侈了。

为了建造城墙，首先要搭建高大的框架并填上土，然后需要不计其数的劳力持棒击打，最后把作为框架的木板抽出，墙才算造成。所需劳力数量之庞大，令人瞠目结舌。

也许是受到了西域的影响，从汉朝起，城墙改为用砖块这种新式的材料建造，这距离商朝灭亡已经过去了近千年。不过，也有个别地方更早地用上了砖块。

春秋时期的吴越受到了中原文化的强烈影响。从吴王夫差和其谋臣伍子胥的故事中就足以看出，吴国都城（苏州）既有城墙也有凿壁而成的诸城门。当然，在夫差和伍子胥的时代，城墙还没有使用砖块，而是利用版筑技术夯土而成的。

时间推移到秦末，尚未继承家业的项羽跟着叔父项梁在吴地（苏州）停留了一段时间。公元前 210 年，于江南巡游的秦始皇从越国故地会稽郡（浙江省绍兴一带）而来，始皇帝所到之处皆为石板路。这也就意味着，人们为了迎接皇帝，把吴城（苏州城）东门向外延伸的大道以及城内的主次干道全部铺上了石板。

从那以后不知过了多少年，城墙改为用砖堆砌，后来又用上了石块。恐怕到了唐朝，不仅这里的城墙已经变为石墙，就连街上的大小通道也全部铺上了石板。苏州的经济水平在隋唐时期已经达到了第一个峰值，所以这样推测也绝不算牵强。今天，我走进城里狭窄的小巷，小巷里的石板路数千年来被无数的布鞋踏过，竟然像人的皮肤一样光滑。我感到很震惊。

我们的巴士沿着东南方向的路开出苏州城，从城内蜿蜒而出的一条小运河在这里和大运河相交而过。

这里有一座桥。

巨大的桥。桥梁是现代的，桥上公交车和卡车川流不息。我们在桥畔下了车。

有一头牛在满是野草的土堤上尽情享用着美味。从牛的身后看过去就是大运河。正前方水天相接，壮阔的大运河装满了柔和的铅灰色的水。再加上从苏州城内流出的那条与大运河交错的小运河，四路运河形成了一个十字路。那座巨大的桥就架在那里。

我走下有牛的土堤，看到一座古雅的花岗岩桥与上面那座现代风格的桥梁并行。它痛快地折下身子，长长地向前伸去。它的长与它的大、它石块拼接的巧妙，再加上它独一无二的奇特造型，使我不由得涌起一种将它与罗马的石制遗迹相对比的冲动。与市内著名的庭园和高楼不同，它贯彻了实用主义，不但没有被不断变化的审美标准所抛弃，反而由风霜将它质朴的美打磨得更甚了。

“它最初建造于唐代。”吕先生说。

本来这里早在汉武帝时期就有桥了，但是因为洪灾，建起来的桥都被冲走了。

据吕先生说，这桥是唐朝某个地方长官架的，他为了筹措资金卖掉了自己官服上的玉带。所以人们给它取名“宝带桥”。可是，就算玉带是极其贵重的宝物，但仅凭这个真的能建起这样一座石桥吗？不过，中国人擅长从故事中精准地抽离出核心部分，这可能也是他们独特的命名方法。实际上，建桥费用的绝大部分应该是由当地的富豪承担了。

宝带桥横跨南北，长九十米[①]，仅桥墩就有五十二个，也就是说共有五十三个桥孔在水面上画出了优美的圆弧。

这桥奇就奇在桥身平坦，人们走在桥上就和走在市里的石板路上一样毫不费力。

“这样设计是为了从桥上拖船进运河。”吕先生说。

船要想溯流而上，就必须由几个壮汉从堤上拉拽。在江户时代，往返于日本京都和大阪的三十石船[②]进入京都之时，也需要人从淀川[③]堤上拉拽。

这样的景象，在现在的中国自然是看不到了。虽然现在往返运河的船只还是以非机械船居多，但如果不那么多，只有一两艘的话，那么不论是等待风力还是操纵船帆，总不会出不了船的。可问题就在于不论是现在还是过去，中国漕运的货船都像火车一样长长地连在一起。过去就是因为这种情况，才需要从陆地上拽。但是现在都是由发动机船打头阵，靠着自身发动机的动力拖着后面长龙一般的货船队伍，所以就不需要借助人力了。

但也正因为这个缘故，屹立在苏州城外运河十字路的宝带桥，尽管千百年来功勋卓著，但依然失去了利用价值，甚至桥面的石板缝里还有杂草挤出。

这桥的一个特点就是，只有中央部分像一般的桥那样拱成一个

---

① 疑作者误。宝带桥两端引桥共长约 67 米，水面主体部分长约 249.8 米，宝带桥总长度约为 317 米。

② 三十石船：有相当于三十石米的载力的和式船。特别指代江户时代通过淀川往返于京都、大阪的客船。

③ 淀川：日本本州中西部河流。源出日本最大淡水湖琵琶湖，流向西南，注入大阪湾。

半圆。中间的桥墩比其他地方高，桥墩间的三个桥孔非常大。所以大船从中间桥孔过，小船从两边的桥孔过。毫无疑问，这个过程中桅杆是放倒的。这样看来，这座桥不但外观大气，在功能方面也应当说十分出色。

“唐朝某个地方长官……”——吕先生说的这话，我只当是个故事罢了，也没有去追问是谁。因为即便问了，大概也不会有什么结果。

我回去后查知此人是唐朝名臣王仲舒（762—823）。《旧唐书》和《新唐书》里都有他的传。

在唐朝从繁盛走向衰落的年代里，此人先后侍奉了德宗、宪宗与穆宗。日本高僧最澄[①]和空海[②]也曾在这个时候入唐求学。

王仲舒是写文章的大家，据说人们甚至会把他起草的诏书誊抄背诵。可是比起做学问，他更关心民政，希望能以地方官的身份出仕。他是现今山西人，“少客江南[③]”，与苏州之地颇有渊源。他晚年身任刺史（一州之长），主持了多项惠国惠民的工程建设，宝带桥应该就是其中一处。

他为人民立下的功绩自然值得赞颂，但话说回来，汉代以来的桥梁之所以接连不断地出现坍塌事故，可能也是因为当时的技术尚未达到唐朝这种程度吧。



① 最澄：日本高僧，俗姓三津首。804 年奉诏随遣唐使入唐求法。

② 空海：日本佛教真言宗创始人，谥号弘法大师。804 年入唐求法。他编撰的《篆隶万象名义》是日本的第一部汉字字典。

③ 出自《新唐书》卷一百七十四列传第八十六《王仲舒传》。

唐朝，是中国文明各项技术集大成的时代。宝带桥作为唐朝产物，在唐文化的研究中也有十分重要的意义。只是现在的宝带桥是在 1446 年经过了明朝翻修的，所以并不完全是唐朝当时的样子。

桥上的石板因为多年的磨损变得十分光滑，石板泛着红光，缝隙间挤满了矮小的野草。我走在桥上，只觉得眼里的每一样东西都让这桥更添了些古韵。

运河的十字路上，船只络绎不绝。除了装着发动机的牵引船外，大多都是自古未变的船型，有的在微风下张着褐色的帆徐徐而行，有的转动着重重的船桨从远方缓缓靠近。

撇过身后现代化的桥梁，我远远望着流水、行船，还有对岸那遍野的绿色，此刻的我神清气爽，仿佛身处大唐。

# 盘门 4



横跨水面的宝带桥像石头堆起的细长堡垒，我站在上面，遥遥望着邻接浙江的运河，总也看不够。老式的货船与帆船看上去十分结实，它们在水面上来回穿梭着。仅只看这船与水，就够用得上半日的。

“来了个好地方啊，张和平君！”

张和平是个讨人喜欢的福建人（不过在北京居住过二十几年），是我的中国友人中与我交往最久的。听我说完，他一言不发地把手搭在我的肩上。福建男子大多同日本人相似，眉毛浓密，身材不高。张和平也是浓眉，嘴唇稍厚。他这么一搭，我才突然意识到眼前这个人竟然如此之高（不过因为是以我为参照，所以也不会太高）。总之，远处水天相接的景象让人心情平静。

在这种平静中，我恍惚想起了倭寇[①]。

倭寇活跃于十四世纪中后期至十六世纪中后期的前后二百年间。虽说是过去的事了，但毫无疑问给中国人造成了困扰。所以，我无论如何也不能在没有铺垫的情况下，突然跟我的中国朋友张和平说“我觉得倭寇是沿着这条运河从海上到了内陆的”。不过，如果是这个人的话，即便听到我这么说了，也肯定会露出那独特的慵懒笑容说“好啦，你又不是倭寇”。不论怎样，我还是选择把话咽回去。

但是话说回来，对张和平的顾虑可能也不是那么必要，因为中后期的倭寇里有很多是冒牌货。中国《明史》所说的真正意义上的倭人[②]贼寇其实极少，大多都是一些中国沿岸的乱民顶着倭人标志性的月代头[③]，嘴里叫嚷着“我是倭寇！”，以此吓唬当地的居民和官兵。里面还有一部分人是张和平也就是福建人的先祖。 据明代《御倭五事疏》记载，倭寇里中国人占了九成：流浪之人十中有二，宁波绍兴人十中有五，后来归属了福建省的漳州、泉州和福州人十中有九[④]（上述比率表现可能是出于文学修辞的目的，无法用今天的计数方法解释）。福建沿岸的人之所以占比较大，是因为他们在中国人里算是尤其熟悉大海、深谙航海技术的特殊人群。

毋庸赘言，上述比率也不过是估算。据《明史》的《日本传》来看，

---

① 倭寇：指十三世纪到十六世纪左右侵略朝鲜、中国沿海各地和南洋的日本海盗集团的泛称，除沿海劫掠以外主要从事中日走私贸易，因中国古籍称日本为倭国，故称倭寇。

② 倭人：汉代以来专指日本列岛的人，本无贬义。

③ 月代头：指古代日本武士所梳的一种发型。武士们剔除头顶中前部的头发以及顶部发髻两侧的头发，以确保在战争中发髻散落不会遮挡视线。

④ 原文为：倭人十一，流人十二，宁绍十五，漳泉福人十九。

真正的倭人贼寇其实占了三成。

这些人曾深入内陆侵扰当地居民。明朝嘉靖三十四年（1555）正处日本战国[①]中期，越后[②]的上杉谦信[③]和甲斐[④]的武田信玄[⑤]相斗正酣，仿佛一场难分难解的名人战[⑥]。倭寇二百年的历史就在那时走向了终结。他们仅凭七八十人的队伍就在八十日内先后洗劫了浙江与安徽，后来他们由南京城进入了江苏，终于像在太湖湖畔蒸发了一般全军覆没。故事中这毫无意义的蛮勇使人联想到九州[⑦]沿岸居民那相似的脾性，从这一点来看，那些人确是倭人贼寇的可能性很大。

总之，他们应该是利用运河进入内陆的。运河网络使货物和民众的大量运输变得毫不费力，我站在这大网的一端，想到了上面这个很久以前的历史故事。这不禁使我意识到：便利，有时也会招来灾祸。

据说明朝倾覆于“南倭北虏”之患。在中国历史上的大一统王



---

① 日本战国：1467—1600 年或 1615 年，一般指日本室町幕府后期到安土桃山时代。战国时期，群雄割据，乱战不息。

② 越后：日本古代律令国，如今的新潟县（领域面积不完全等同）。越后国国界被山地包围利于国土防卫，但冬季频受大雪影响。

③ 上杉谦信：本名长尾景虎，日本战国时期越后国守护，自称战神毗沙门天的化身。与武田信玄间爆发了五次川中岛会战，人称“越后之龙”。

④ 甲斐：日本古代律令国，如今的山梨县。盛产马匹，但土地贫瘠，农产品匮乏。

⑤ 武田信玄：本名武田晴信，日本战国时期甲斐国守护。富于谋略，手下骑兵精锐，开创“甲州流”兵法。与上杉谦信间爆发了五次川中岛会战，人称“甲斐之虎”。

⑥ 名人战：日本七大棋战之一。有围棋与将棋两种。“名人”在江户时代指九段棋手，现在是获胜者的称号。

⑦ 九州：指九州岛，是日本第三大岛，位于日本西南端，东北隔关门海峡与本州岛相对，东隔丰予海峡和丰后水道与四国岛相望，东南临太平洋，西北隔朝鲜海峡与韩国为邻，西隔黄海、东海与中国遥对。

朝中，明朝本就是个贫弱的朝代，与历代王朝不堪一比。一方面，朝廷原本就财政拮据，还不得不支出抵御倭寇的军费。另一方面，明朝军官的德行可能也属历朝历代中最为恶劣的。将军们，中饱私囊；士兵们，掠夺成性。有人指出在明朝，比起叛军，官兵的性质更加恶劣，对抗倭寇的官兵尤甚。这其中的一部分，被叫作“狼兵”。

狼兵即为狼人兵。狼人指居于广西的蛮族，他们残忍、善战。除狼兵外，“土兵”也是抗倭战争中的有力武器。明朝，少数民族引发的叛乱并不少见，但也有一些少数民族团体是处于体制之内的。用他们抗倭，即是“以夷制夷”的传统办法。“土兵”主要是指湖南省武陵山附近的苗族与土家族。而至于曾经居于广西的狼人现如今又是哪个少数民族，我却不知道了。

关于苗族的兵，有“以苗攻倭，犹如以毒攻毒”的说法。但是说这话的人同时还指出“不能轻用，也不能久用”。这样的狼兵和土兵在明代是所谓“客兵”，即佣兵部队。

也有文章指出，客兵之祸犹在倭寇之上。

据说，这些军队入城的时候，各城的地方将士看到了都紧闭城门、不准其通行。薄情寡义嘛，确实有一点，但是一旦放其入城，则又要担着被砸被抢的风险了。

凡此种种，苏州城在明代一定经历了不少。但也许当时记载此类事情的公文已经散失，总之现存文献是找不到记录了。

我们向着盘门出发。

离了宝带桥向西而去，不久后走进一条位于城南的大道，那里还留有城墙的遗迹。我们继续往西去。

"过去城墙有多高呢？"我问吕先生。

"很高的。"据说经过明代大修后，有二丈八尺（约九米）高。

我前面提到过，苏州城内部有一条护城河沿着旧城墙缓缓而流。

护城河的内侧，菜园拱起绿油油的田垄。吕先生敏锐地捕捉到了我的视线，他告诉我："那菜园子叫南园。"

南园是当时的政府为保证将士与居民在围城时的蔬菜供给而开拓的官田。人们直至现在还在上面耕作，这实在了不起。恐怕自公元前起，这样的护城河菜园就已经是中国城郭的组成部分了。

"过去还有北园，现在没了。"正听吕先生说着，我看到南园边的护城河里翻腾着白色的什么东西。原来是鸭子。仅仅从眼前的景象中择取菜园、鸭子、护城河这三个要素，自古代以来留存至今的居民生活图景便得以重现了。画家须田君的那句"中国的根，牢牢地扎在地里"，大概就是指这个吧。



不久后，我们经过一座古迹斑驳的石桥，它架在远处伸过来的运河上。这桥呈一个大的拱形，河水从下面流过。就像火车钻过隧道一般，成队的船只鱼贯而出。打头阵的机动船发出深沉的低吼，那声音在水面上不住地回荡，仿佛再听一会儿就能安然睡去。

"城里有石桥六千"——这是马可·波罗于元代游历中国后写在《马可·波罗游记》里的夸张描述。不过，几百座还是有的，现在也依然如此。

我们可以从白居易的那句"红栏三百九十桥"[①]中推测出苏州的

① 出自白居易的一首七言律诗《正月三日闲行》，是描写苏杭美景的名篇。

桥在唐代是木制的。

一般认为从宋代以后就变成石桥。宋代是中国历史上工商业极为发达的朝代，单从木桥变石桥就可见一斑。

不一会儿，我们走进了略带年代感的小镇。

“这是苏州城内最老的镇子了。”吕先生说。

河上跨着的石桥有两座，毗邻而建，好像一个整体。其中一座叫“吴门桥”。另一座古桥虽稍显逊色，但也称得上落落大方，可惜却没有名字。

我们在那儿附近下车，穿过巷子走上了桥。

站在桥上，由石堆、砖墙和瓦顶组成的气派建筑跃然眼前。

“那是盘门。”吕先生指着对面的拱形城门说。城墙上满是弹痕。这是苏州唯一完整遗存下来的城门，也是那个传说中挂了吴国谋臣伍子胥眼珠的门。按那个说法，伍子胥的眼珠最终没有挂在他临终指定的葑门（东门）上，而是挂在了这西南角的盘门（西门）上。

记述了苏州地理历史的《吴地记》，相传是唐代陆广微所撰，也有人认为是宋代人撰写的。总之，在这本书中的“盘门”就已经是苏州六城门之南门的代名词了。关于名字的由来，书中这样写道：“盘门，古作蟠门。尝刻木作蟠龙，镇此以厌越。”据此我们可以得知，此门早在春秋吴越相争时就有了名字，而且至少在《吴地记》成书的唐宋时期，这个名字就已经广为人知了。我不禁为这历史的厚重与时间的久远而感到震撼。

起初，我以为它和其他的城门一样是单门结构，可是看过后，我发现它是内外两重的。

城门被结构复杂的石堆层层围着，这庞大的石造建筑光从造型上看就牢不可破。我私心觉得应该把它算作苏州一流的名胜，然而苏州市本身却一副气定神闲的派头，仿佛觉得这里没什么值得给外国人展示的。

一般来说，人们把城郭的外城墙叫“罗城”。

普通的罗城只有一层，但是苏州城过去好像在罗城之内还有子城，是双重城墙。我不具备建筑方面的知识素养，在罗城与子城都不复存在的苏州城里，难以仅凭肉眼分辨出其遗迹。不过盘门附近的构造之所以这么复杂，或许就是因为罗城与子城掺杂着遗留了下来。



站在桥上最先看到的是城内流动的小运河，小运河上面跨着带有台阶的小石桥，对面是座城门。不过这城门是水之门，在水门下来回穿梭的也不是行人和车马，而是运河流水。所以，作为行人，可以乘船进入这座城门，而作为守关之人，则也可通过关闭城门来阻断外界船只。

吕先生说，这一部分是明朝修建的。

“是为了防倭寇吧？”我问。

明朝财匮力绌，如果不是为了抵御倭寇溯流北上，很难想象会为了区区一地的城防如此大兴土木。虽然吴少媛女士用甜美的声音准确地翻译了我的问题，但是吕先生只是含糊地动了动嘴皮，没有给出明确的答复。也许这就是中国人的礼节所在吧。

又走几步便到了陆门。

城墙与城楼都由泛着红调的漂亮的花岗岩砌成，摆出拱门造型的石头每个都被切成齐整的方形，美观大方。

我穿过拱形门，有意估测了它的厚度，至少有十步远。我注意到通道两侧凿了两道竖直而上的深深的凹槽。我问吕先生这是什么缘故。

“关门的时候，要从上面把门放下去。”

我不敢相信我的耳朵。关闭此门不是通过推拉门扇，而是直接从上面放下一块巨大的花岗岩门板。所以，两侧的凹槽就是为了让门板滑落下去而凿的。我抬起头，透过一道缝隙看到了蓝天。

如今，已经不会有门板嵌在那凹槽里了。

我们登上城楼，上面宽阔得足以让两队人马肆意地进行躲避球游戏。那里还残存着搬运城门时所用的滑轮。滑轮的木造部分已然消失，只留下四个作为支撑的石造斜轴，就像巨人的四肢。我走过去，从缝隙中可以看到下面的人影，比如刚才我在下面向上眺望的姿态就可以被守城的人透过缝隙看到吧。

我想，这石门应该不会每每到暮时都被放下。一定只有当敌人来袭的时候，石门才会伴着滑轮发出的隆隆回声重重落下。

我们下了城楼，那里还有一座城门。

这里与刚刚的城门相隔五十步，周围的石墙围出一片四方的空地，地面没有铺石板。站在这里的自己就仿佛不小心掉落箱底的小人儿。这个“箱底”的结构类似于日本近世的枡形①城郭。

这座城门倒是通过推拉门扇开合的。穿过此门，就是城外了。

① 枡形：这里指由两座城门与两面城墙围出的四方形空间。一般两城门开在相邻的两面墙上，呈直角。

也就是说，这道门是开在罗城上的城门。当这座普通城门被敌人突破后，下一道城墙的石板门将轰然落下。冒失冲进“石箱”的敌军将沐浴从四面飞出的箭雨，迎接当空落下的石块，最终落个全灭的下场。

在我登上城楼，又从城楼的阶梯下来进入枡形地面的过程中，我叹服于这构造的精妙，呼吸也变得急促。

我踏着城墙内侧的石板坡，离开了这宏大的建筑物。正待落地，眼前又出现了另一条小运河，运河的河畔出现笔头菜模样的瑞光寺塔顶。我感到全身放松，大大地出了一口气。

理所当然。

古老民房的黑瓦顶和石灰墙、水边毫无章法自由舒张的树木、押着自行车缓缓侧身走过的姑娘，这平和而肃穆的景象，抚平了我不久前还高涨的情绪。

# 吴 5

我们依然绕行于旧苏州城的外围。

苏州，在中国近代以前曾是最辉煌的城市之一。

只是，除了在春秋时期做过吴国都城外，再没有成为过政治中心。当初，秦王朝在这个城市里设了“吴县”，所以自那之后，虽然名称和行政划分有所变化，但一般来讲“吴”就是苏州的简称。不过，有时苏州所属的江苏省也被称作“吴”。但是不论怎么说，“吴”都不是单指春秋时期被越王勾践倾覆的那个吴国。奈良时代[①]（或者更早）以来，浙江省的杭州湾一直是中日两国海上交通的中方据点。运往日本的名贵货物中最上乘的当属各类丝绸，而丝绸这东西全都是在吴地（如今的苏州市）生产的。

古时，去日本的中国人总是会被问到“你从哪儿来”？这个时

① 奈良时代（710—794）：以日本天皇迁都平城京（今奈良）为标志。

候，回答“从吴而来”的人应该不在少数。在江户时代的长崎港湾上，就可能发生这样的对话。进入年代比较近的清朝后，出现了一本叫《吴下方言考》[①]的书，书名里的“吴”也指苏州。“吴下”同“东京都下”的说法一样，这里的“下”[②]意味着包含其周边地区。

室町时代，日本与明朝贸易往来频繁。与日本人做生意的苏州人也一定会跟别人介绍说“我是吴地之人”。日语中的“吴服”本来也专指苏州的丝织品，若是说它指代的是春秋时期吴国的服饰，则时间跨度未免过于大了（这里补上前面遗漏的内容：自春秋吴国之后，吴国又出现过两次。毋庸赘言，一是三国时期的吴国，二是五代十国时期的吴国。它们都建立于长江下游流域，只是未把苏州作为都城）。

这里容易混淆的一点是，早从《日本书纪》[③]以来，“吴”的训读[④]发音就是“kure”。

关于这个发音的来历尚无定论，我猜想可能来自很早以前的古朝鲜语，但事实究竟如何便不可知了。至于《日本书纪》的内容是否足以信赖的问题，我们就姑且略过。毕竟，该书的内容越是往上代[⑤]追溯就越可疑，再往上干脆变成神话。尽管如此，若把它单纯看



①《吴下方言考》：清代记录、考证吴方言词汇的著作。

② 下：这里指该书亦包含常州、无锡的方言内容。

③《日本书纪》：是日本留传至今最早的正史，六国史之首，原名《日本纪》。与《古事记》合称为“记纪”，全书用汉字和万叶假名写成。

④ 训读：是日文中对所用汉字的一种发音方式，使用日本固有同义语汇的读音。训读只借用汉字的形和义，不采用汉语的音。相对的，若使用当初汉字传入日本时的汉语发音，则称为音读。

⑤ 上代：日本文学一般分为上代、中古、中世、近世、近代、现代。上代主要指奈良时代。

作研究古代日语的语言资料的话，就会发现其中极丰富的隐喻。

在应神天皇三十七年和雄略天皇六年，都出现了“吴”这个国名，这些内容属于《日本书纪》中的上代部分，书中的“吴”均训读为“kure”。

重申一遍，《应神纪》部分的内容历史可信度不高，这里只把它当作语言研究资料。

在应神时期，有个叫阿知的外来使主（使主一词是对从朝鲜来的大人物的敬称）住在大和[①]。在《应神纪》记载的应神二十年左右，阿知使主与其子都加使主率领十七个县的族人一起加入了日本国籍。书中没有写他们是从亚洲哪里来的。不过这不是因为《应神纪》编者的疏漏，而是提供家谱资料的人为了模糊信息而故意为之的。

书中的“阿知”和“都加”都只是名而没有姓，所以想必不是从自古就有姓的中国而来。古代朝鲜（至七世纪统一新罗时代[②]为止）大体没有姓。这不是对古代朝鲜文化的贬低，而是中国内部的少数民族及周边各个民族其实过去都没有姓。比如，满—通古斯语族[③]是在清朝兴盛后获得的姓，而蒙古人更是最近才有的[④]。

然而，远渡而来的阿知使主一行，不说自己是韩民族也不说

---

① 大和：日本古代的令制国之一，属京畿区域，为五畿之一，又称和州。大和国的领域相当于现在的奈良县。

② 统一新罗时代（668—901）：公元 668 年新罗联合唐朝灭亡了百济和高句丽，不久罗唐战争爆发，新罗获得了平壤以南的朝鲜半岛，朝鲜半岛进入了统一新罗时代。

③ 满—通古斯语族：阿尔泰语系的三大语族之一，主要分布在亚洲东北部，包括中国境内的满族、锡伯族等。

④ 蒙古国于 1997 年制定了《取姓法》，规定蒙古国民要选取历史人物或祖先的名号作为姓氏。

自己是高句丽族，而说“我们虽然从朝鲜半岛而来，但实际上是汉人”。

汉朝在朝鲜半岛设置了汉郡（乐浪郡[①]、带方郡[②]等），使各地得以汲取汉文化的滋养。所以对他们这些接受过高度汉文化熏陶的人来说，要想在日本这样未开化的国家抬高自己的身价，就索性自称汉人，这样效果更佳。

装腔作势自不打紧，只是难为后人考据。他们定居在发现了高松冢古墓壁画的大和国高市郡，成为飞鸟[③]文化的开拓者。

大和政权在进入七世纪后，不但经济、军事已初具规模，汉文素养也稳步提升。即便是在这样的政权中，他们也不容小觑。人们称他们为东汉氏[④]，说到底也是执着于“汉”字。平安[⑤]初期的武将坂上田村麻吕[⑥]（758—811）就属于这个氏族。

平安初期，政府编撰了一部《新撰姓氏录》[⑦]（各氏族的系谱）。这一时期，作为汉人氏族其中一支的坂上氏奉阿知使主为先祖，再



① 乐浪郡：西汉汉武帝于公元前 108 年平定卫氏朝鲜后在今朝鲜半岛设置的汉四郡之一。

② 带方郡：东汉末割据辽东的公孙氏分出乐浪郡南部设立带方郡，并为魏晋所承继。

③ 飞鸟：飞鸟时代（593—710），上承古坟时代，下启奈良时代。以政治中心飞鸟（属于奈良县）而得名，较为重大的事件有圣德太子改革、大化改新等。

④ 东汉氏：以阿知使主为始祖，据传先祖是汉灵帝刘宏的后代。他们因从百济引入手工技艺以及从江南招来织匠而地位很高，在六世纪时被苏我氏招揽。

⑤ 平安：平安时代，从 794 年桓武天皇将首都从奈良移到平安京（京都）开始，到 1192 年源赖朝建立镰仓幕府一揽大权为止。

⑥ 坂上田村麻吕：日本平安时代的武官。因讨平东北陆奥虾夷的功勋，被封为第二任征夷大将军（但被认为是首任实质上的征夷大将军）。

⑦《新撰姓氏录》：平安时代初期弘仁六年（815）日本嵯峨天皇下令模仿中国唐朝《氏族志》所编写的古代氏族名鉴。

往前更是攀上了后汉灵帝的血脉。这里可以顺便提一下古代东渡日本的秦氏[①]，他们通过开辟农地积蓄实力，自称是秦始皇的后代。

让我们重新回到《应神纪》。在应神三十七年二月的章节中，再次出现了关于阿知使主与都加使主的记述。朝廷将父子二人“遣吴”，目的在于“求缝工”。

确实，说起丝绸女工，没有什么地方比苏州的更好了。从公元前到十九世纪，苏州一直掌握着世界上最精妙的纺织技术。光凭这一点，就不得不说苏州是个神奇的城市。按照《应神纪》的记载，在日本尚未开化的应神期，在日本居住了不过十七年的阿知使主和都加使主这对异国父子，便接到了渡海招募技术工人的诏令。

当时，横穿东海的航路尚未开辟（话虽如此，文献里却没有关于九州沿岸居民航海经验的记载。我想身处那种边境的默默无闻的平民里，肯定有人能活用自己的知识经验横渡东海）。

人们直至后世才开辟出了横穿东海的惊险航路（南路），而且由于尚未掌握有关季风的知识，这条航路上的海难尤其多。在那之前有条北路：首先，渡海抵达朝鲜半岛，像尺蠖一样一点点蠕动着北上；接着，面对着无尽的大海（不全然是）一鼓作气向西而行；最后，在山东半岛的前端靠岸，小心翼翼地贴着中国大陆的沿岸缓缓南下。

《应神纪》里的阿知使主也没有直接向杭州湾进发。他计划“渡高丽国（不是后来的高丽王朝，这里指朝鲜半岛北部的高句丽）以

① 秦氏：日本秦氏为日本一个古代的氏族，与东汉氏同为颇具影响力的氏族。

至吴”。后来，他虽然如计划一般顺利抵达高句丽，但也仅此而已了。之后去吴的道路又该怎么走呢？

《应神纪》有云：“更不知路”，“于高丽求识路者”。

于是，高丽王派了久礼波、久礼志两位男性担任其向导。这两个发音为“kureha”和“kuresi”的高丽人名，怎么看都觉得太过敷衍。《日本古典文学大系》（岩波书店刊行）里《日本书纪》（上）的注释中也对此表达了同样的怀疑：“很可能是根据‘吴’的训读发音虚构的。”

我头脑中冒出一个大胆的猜测：就算上面这个注释说错了，这两个发音不是从“吴”而来，那也有可能是从“高丽（kore）”而来的。

我之所以这样猜测，是因为也许训读作“koma”的高句丽国在当时的本地发音中是“kure”。在猜测的基础上再次猜测（尤其是类推语言的时候），确实不是那么可靠的行为。但是，若说还有那么点儿细微的凭据的话，那便是作家金达寿先生给我的。我记得他在某个地方写过类似于“高句丽在当地也被叫作‘kure’”的话。而且，大野晋先生在《岩波古语辞典》中关于“吴（kure）”的一节记述，也不是不能拿来参考。他说这“是从朝鲜语‘kwl’（文言）转化而来的”。至于这个古朝鲜语具体出现在哪个文献里、表示什么意思，书中并未多做解释。

总之，“吴”的训读“kure”的来历是个难解的谜题，充满了魅力。据《应神纪》记载，传说中的阿知使主从中国的吴带回了四位织女。这四位织女中先头两位的名字是“兄媛”和“弟媛”，这如何算是名字，只是长女和次女的分别罢了。剩下两位的名字是“吴织”和“穴织”

（《住吉神代记》等文献中做“汉织”）。“织”单纯是织布的意思，不管是吴织、汉织，还是穴织，都很难说是人名。那么，他们带回的女工真的是从中国的吴地找的吗？

当时的高句丽国，可以说是中国周边国家里文明程度最高的国度。虽然汉王朝已经覆灭，但高句丽国承继了汉设郡县乐浪郡和带方郡的文化，纺织和染色技术也不容低估。所以不必专程奔赴发源地苏州找工人回来，高句丽当地的人就足以胜任纺织工作。恐怕，阿知使主一行就是这么做的吧。

我觉得就应该从这样的细微之处来考虑将“吴”字训读为“kure”的理由。

另外，日本古代将“汉”字训读为“aya”，也很微妙。古语的“aya”（绫 / 文）是从丝织物来的。“aya”指有斜纹的绫缎，也代指斜纹本身。这类奢华的东西全都是从海外的文明之源来的。而那文明之源就是大汉，因此“汉”也就成了“aya”。类似的，英语里用产地国代指工艺品本身的例子也很多，比如用“china”代指陶瓷器，用“japan”代指漆器。

“aya”在《古事记》[①]《日本书纪》《万叶集》[②]这些古籍里，既做形容词和副词，也做动词。“aya”最开始表示一种赏心悦目的感觉，可是后来却发生了几乎是魔幻的、超脱现实的变化。

---

①《古事记》：日本第一部文学作品，记录了从建国神话到推古天皇时代的事，包含日本古代神话、传说、歌谣、历史故事等。

②《万叶集》：是日本最早的诗歌总集。一般认为《万叶集》经多年、多人编选传承，约在八世纪后半叶由大伴家持（717—785）完成。

古代日本人最初是通过朝鲜半岛接触汉朝文物(特别是丝织物)的。古代朝鲜的南部有个叫“伽罗”(也叫伽倻)的小国，古日本称之为“任那”。伽罗有时发音为“ara”，伽倻有时也被叫作“aya”。绫罗绸缎在当时很可能被称为“伽倻(aya)之物”，而伽倻的文化又是从大汉发源的，所以“汉”这个字自然就被冠以“aya”的音了。

汉人氏族末裔坂上田村麻吕的父亲，是奈良后期的坂上苅田麻吕。苅田麻吕是享有盛名的武官，最终官至从三位左京大夫。他于772年在颂扬祖先功绩的上表书中说：“自己的先祖是阿智王(阿智使主)。”

其中有关阿智王的记述是这样的：“系汉灵帝曾孙。先至带方郡，后东渡日本。”另外还说：“是时，高句丽与百济民族势力崛起，带方郡因而腹背受敌。故阿智王奏请天皇，招带方郡旧部贤能归顺日本。”

至此我们可以推断，阿知使主父子并没有远渡重洋携四织女而归，而是要弄手段让怀揣技艺的四位高句丽女工移民日本了。这样的解释比《应神纪》的记载更符合现实。

巴士里，吕先生说：“大阪池田市和苏州市结成了姐妹城市。”

回到日本后，我听说此事是池田市当地人自发促成的，他们热心地居中斡旋最终说服了两个城市。我非常欣慰。

池田市里有一座古老的神社，名为吴服神社。

这个神社颇有些来历。

汉人氏族末裔坂上氏于平安时代末期丢了荣爵，坂上氏当时的家督是坂上正任（田村麻吕的五世孙）。他敛财蓄力，坐拥私民[1]，钻了以土地公有为原则的律令制的空子，私自开垦土地并占为己有。他私占的是今天池田市附近的荒地，这地方过去叫作吴庭。这可能是因为那自吴地而来的四位织女在这里织布的故事已深入人心，也可能正是坂上正任本人根据传说中的族系取了吴服和吴庭的名字。

总之，坂上正任将四位织女当作氏族神供奉在此地，以此加强族人和追随者的凝聚力。也因为这个古老神社的存在，池田被认为是日本丝织物的发祥地。

把时间拉回江户后期，有个生于京都的画家，叫吴春（本名松村月溪，1752—1811 年）。他游历各国时，曾在池田市驻足长留，有感于这吴服之乡的古名，于是改姓为“吴”，改名为“春”。此外，池田有种有名的土产古酒也叫“吴春”。无论如何，池田与“吴”字确实渊源不浅。

《应神纪》里记载的与阿知使主相关的“吴”，不管是不是朝鲜，总之肯定是出于对丝织物发源地吴的憧憬而冒用的。阿知使主恐怕根本没有去过江南吴地。而在千百年后的今天，池田市与苏州市结成了姐妹城市，就算史实的追溯有强行攀缘的嫌疑，但这其中也不乏婉转的暗示。

“真是有趣啊！”

考虑翻译的冗赘，我没有把脑海中这一系列的联想告诉吕先生。

---

① 私民：大化改新以前，隶属各豪族的人民。

但是单单从文学角度来看，确实曾有四位来自吴的姑娘住在池田市。此外，世阿弥[①]（1363—1443）所作的谣曲[②]《吴服》中，作为魂灵登场的两位织女也是从“唐土”也就是汉与吴而来的。



① 世阿弥：日本室町时代初期的猿乐演员与剧作家。

② 谣曲：日本古典歌舞剧“能”的台本，简称谣。

# 6 吴音与吴服

苏州盛产美人，这是老生常谈了。不过如今这个城市的姑娘们，已经不再像过去那样特意去引人注目了，当然中国其他地方也是如此。大部分国家的姑娘们为了突显于人群通常会穿上别出心裁的衣服，或者抹点脂粉，再不然就在信步时举一顶华美的阳伞。可是如今，这种“文化”却在古来的美人之都苏州销声匿迹了。即便你在街头来回地走，没有非凡的眼力也难瞥见美人的。

公元前，苏州经济实力出众，富贾豪绅在这里建起了排排的高楼。而苏州之所以能有如此发达的经济，就在于它那成熟的多样性文化。美人文化就是其中一种。只是，成了婚的主妇和未出阁的姑娘常居于深闺之中，不肯轻易露面。在太阳底下的，基本都是无暇顾及外表的劳动女性。所以在新中国成立前的苏州，任她是“窈窕”（身段柔软）还是“婵娟”（姿态美好），游人只凭在街上走一走怕是见不到的。窈窕和婵娟所代表的美已经超越外形，成为一种包含身段、举止、神态和措辞在内的文化产物。

而日本的这种美人文化，很久以前就消失了。如果它在这个时候突然重现眼前，反而会像长颈妖怪[①]从烛光里探出头一样情状可怖。在现在的日本姑娘看来，追求轻便和中性才是新的美人文化。她们告别闺阁，竞相走到能被人看见的地方去，比如职场。职场里，姑娘们那富有韵律感的身姿，向周围传达了美的信号。而她们自己也在有意无意地向美的标准靠拢——或是不自知地流露美，或是有意识地演绎美。

而中国的情况则又不同了。所谓革命，就是要把过去的东西全部推翻，所有女性都开始工作，她们在历史的舞台上大显身手。也正因为如此，中国在政治和公共事务领域中男女平权的进程一直远远领先于日本。同时，女人一定得美（或者说，女人悄然散发魅力）的文化本身也被抛弃了。自然，这没有对错好坏之分。

我想大家还记得，在苏州为我做翻译的是吴少媛女士。她面部轮廓分明，双眼皮下有一双水灵灵的眼睛，是江浙常有的那种美人。然而她美而不自知，竟丝毫没有向我们表现她的美，与美人文化仿佛全不沾边。

仔细想想，美人文化的基础可能是催眠效应。比如青蛙如果被蛇盯着看，就会陷入催眠状态而动弹不得。虽然这是个不恰当的比方，但这也说明只有当本人觉得自己美的时候才有可能成为美人，美人并非本来就有的。不过相应的悠久文化是这一情况成立的前提，

① 长颈妖怪：日本叫辘轳首，据传在夜间脖子会伸长，头部可以和身体分离。

不然一旦不能催眠对方，就会落个不能收拾的局面。

吴少媛女士像水一般透明，始终考虑着自己的责任和义务。她一直保持着微笑，那是一种犹如少年战士般的礼节。至于上述提到的美人暗示这种催眠文化，估计就是抽出她整个人的内胆都找不出一点儿踪迹。

“西施可是个大美人！”我们的张和平突然放声说道。我此时的惊讶就好比看见关羽将军的塑像对着毕加索评头论足。他是个寡言少语的人，相信在我们探讨吴越兴亡的时候，他的心里一定诗情澎湃，然而他却没有对此有丝毫表露，反而冷不丁地说起了西施。诚然，吴王夫差正是因为醉倒在了西施的石榴裙下才导致吴国走向了灭亡，然而当这话从张和平口中说出来时，我却突然觉得西施可与各路英雄豪杰相比肩。竟然说出什么大美人，我们和平果然还是一身武夫气概啊！

苏州的美蕴藏在街道、流水、石桥和古老的庭院中，这里的每一样都好像在说，苏州曾孕育过众多的美人。

中国曾经有这么一句话：“住在苏州（因为苏州有很多美女），死在甘肃。”虽然这话现在已经不用了，但它表达了人们在那个年代朴实的愿望。和东亚地区普遍的信仰一样（日本也是），古代的中国人相信人死后还会在地下生活，而棺木就是地下生活的保证。所以，甘肃作为自古以来上等棺木的原产地，就成了人们向往的安息之所。不过中国现在基本上都是火葬，从这个意义上来讲也就不必非要死在甘肃了。

苏州很美，自古粮食充裕。话说回来若是不充裕，在中国过去的条件下是不可能做到美的。总之，从古至今对苏州美的颂扬之词从未间断。

下面这句据说是宋朝传下来的：

上有天堂，下有苏杭。

想必在商品经济发达的宋代，苏州不但经济繁荣，还处处透露着这个小城镇独特的美。

江浙两省在春秋时期时是吴越之地，后来改称“江南”，坐拥富饶的田地。因此民间常有“苏湖熟，天下足”①的说法。

不过在春秋和战国时期，情况却未必如此。说得极端点，与中原不同，当时江浙给人一种处于非汉族统治之下的印象。若是当时的居民地下有知，看到江南后来发展的模样一定会大吃一惊：“过去明明是那样一个荒芜之地……”楚国当时以长江中游为据点，被人称作荆蛮之地，而吴越之地也形成了与楚国相类似的异域文化。这里可以把它简单理解为南方独有的特征。

吴越之地就连语言体系都与中原不尽相同。

吴越地处长江流域，百姓以种稻为生，而中原地区则主要耕种麦粟。就是这样两种迥异的文化竟同时汇入了同一个文明的熔炉，这是连在战国时期都未曾发生的事情。秦末，楚国贵族后裔项羽登上了历史舞台。他带领着一支与中原不同气质不同风俗的楚军北进关中（包括西安等地），最终灭了秦朝。按理说，项羽本应在那儿

① “苏湖熟，天下足”：苏湖指江苏苏州和浙江湖州，此谚语自南宋开始流传，见高斯得《耻堂存稿·宁国府劝农文》。

就地扎根的，然而他却携部下一同返回了种植大米的江东平原（旧时楚国领地）。对于项羽此时的心理，司马迁在《史记》中解释道："富贵不还乡如锦衣夜行。"意思是，既然富贵了，就得让家乡的人看看自己飞黄腾达的样子。但说不定，项羽还乡其实只是因为惯食大米的楚人不喜这关中小麦而思乡难耐呢？

而另一边，项羽的宿敌刘邦却在关中扎了根。自那以后，楚汉间激战不止。最终，刘邦击溃项羽，建起了强盛的大一统王朝——大汉。项羽的领地楚地（包括吴越在内）也随着他的落败一同熔入了汉文明的熔炉之中。

然而，这一融合并不十分彻底，文化之"异"多少留存下来了一些。

直至进入六朝时代[①]（三世纪至六世纪），"江南"这地方才完全浸润在了中国文明之中。那时西汉的灭亡早已成为遥远的历史，随着东汉灭亡、群雄逐鹿的三国时代落下帷幕，晋朝也缓缓走下了历史舞台。公元三四世纪发生的民族大迁徙，持续撼动着包括中原在内的华北大地。

不论是现在还是过去，草原都镶嵌在有着悠久农耕文明历史的中国大地的边缘。也许是受自然变化的影响，住在这些草原上的游牧民族持续地越过长城侵扰华北的农耕地区。历史上称作"五胡

---

① 六朝时代：一般是指中国历史上三国至隋朝的南方的六个朝代。吴、东晋、刘宋、齐、梁、陈六个朝代先后建都于建康（吴称建业，今南京），因唐朝人许嵩在《建康实录》一书记载了这六个朝代而得名。

十六国”[①]的非汉民族国家时代由此开始。

而汉人，也在跟着移动。他们不断向南后撤，最后退到长江流域（楚吴越的故地）先后建立了数十个短命的国家。可以说进入六朝时代以后，江南才终于正式成为孕育汉文明的土壤。

在此之前，江南其实是没有被开拓的土地。而随着汉人的迁徙，大量新的人口在这个湿润的地方定居下来，为了使南下的汉人碗里常年有饭，他们无休止地填河造地，灌溉、开拓新的水田。这一时期就好比美国的拓荒时代。

那时的日本还没有多久远的历史，汉字也才刚刚传入。

草原民族（胡、夷等）并未满足于将汉民族逐出中原，他们的迁徙与扩张甚至波及朝鲜半岛。村落国家像肉冻中的胶原纤维那样迅速集聚在一起，并由此诞生了三个民族国家。它们是位于半岛北方的高句丽国、位于西方的百济国以及位于东方的新罗国。

其中，百济尤其值得注目。

百济虽然只存续了从四世纪至七世纪间的三百余年，但它对古代日本来说却是如同文明播种机一般的存在。在百济灭亡后，也有大量难民拥入日本。百济的日语发音是“kudara”，据传它是从朝鲜语“kunnara”（大国）的发音来的。不知是百济人传达给倭人的，还是倭人出于对百济文化的仰慕自己想的，总之这个说法能在日语



① 五胡十六国：是中国历史上的一段大分裂时期。十六国时期，汉地江南、荆湘地区由东晋控制，而汉地北部和西南部则先后建立了二十多个国家，其中的成汉、前赵、后赵、前凉、北凉、西凉、后凉、南凉、前燕、后燕、南燕、北燕、夏、前秦、西秦、后秦十六个国家实力强劲，北魏史学家崔鸿取其中十六个国家来代表这段时期，称这时期为“十六国”。

扎根本身就值得玩味，而百济之“大”来源于六朝文化。

百济依傍黄海海岸线，其实驾船就可以轻易抵达中国的山东半岛。可是令人感到奇怪的是，它竟然绕过了占据华北的非汉族势力，而直接与后撤至长江的汉族势力（六朝）建立了联系。之所以会这样，也许是因为百济一直以来都对汉文明有着强烈的憧憬。

六朝文化的核心是贵族文化，这在秦汉以后的中国是个例外。他们作为汉民族却贪图享乐、游手好闲。政治在他们眼里是庸俗之物，“风雅”才是他们追求的目标。而“风雅”的思想内核又经过百济之手在日本生根发芽。很多年以后，政治庸俗、风雅至上的六朝风气吹遍了平安朝，至今仍映射在日本人的政治观里。

虽然六朝文化是通过百济传到日本的，但倭国当时其实同百济一样也向六朝遣使朝贡。在百济，汉字发音均取自吴音，日本刚开始接触的中国发音自然也是吴音。既然日本船舶常常往来于中国的杭州湾沿岸，那么学习当地的语言（也有雇用当地的学者或技工的可能）也是顺理成章的。

在百济灭亡后的千百年间，汉语也随着中国王朝的兴衰而变迁。而唯独日本至今还在使用六朝时的江南发音（吴音），这也算是文明史上的一大奇观。

六朝（南朝）覆灭后，中华大地上隋唐帝国先后兴起，以长安为中心、被日本称作“汉音”的新标准语也随之诞生。日本一边向隋唐朝贡，一边也吸收着隋唐的文化，所以后来使用的日语中既有以前传入的吴音（江南），也有从长安新传入的汉音，本来就烦琐的日语变得更复杂了（而朝鲜则统一选用了某一时期传入的长安音）。

比如“正”这个汉字，就同时有吴音和汉音两种读法。由于历法在很早以前就传入了日本，年代久远，所以“正月”应该按照更早传入的吴音念成“syou-gatu”。与此对应，后来从汉籍传入的“正义”则要按汉音念成“sei-gi”。还有“月”的发音，如果是在“正月”“二月”“三月”这样表示历法的词语中，就用吴音“gatu”，而在“月明”“月下”“月宫殿”[①]这些词里就得用汉音“getu”。

再比如说，“日”的吴音为“nichi”，像三月二十五日这样表示历法的用语中，“日”统统采用吴音念法。而“日”的汉音是“jitu”，这里就引出一个问题，即日本国名为什么选用了吴音的“nihonn”而没有采用“时髦”的汉音念作“jihhon”呢？我个人认为，之所以用吴音做国名，是因为当时的日本只掌握了吴音。毕竟，中日间的交往即使在唐代也依然很少。至于日本最早向中国自称“日本”的时间点，学者们各有看法，我在这里简单介绍一下。首先，最为大众所认可的时间是开始派遣遣唐使的公元630年。而也有观点认为是在那之前的遣隋使时期，尽管当时出具的国书里并没有使用“日本”这个专有名词。但不管怎么说，我们的新国名总归是通过使节们的口，用乡土气的吴音高声喊出了的。

“吴”是江南一部分区域的地域性称呼，它与日本间的联系久远而深厚。

有一个词叫“吴服”，日本一般用它代指丝制和服。要知道，和服可是日本的民族服饰，这种现象虽然只是用语上的问题，但着



①“月明”“月下”“月宫殿”：词义分别为月光、月下、月宫。

实令人惊讶。而且，日本人还把吴服之外的服饰统称为洋服，单从用词来看，这很容易让人误以为日本具有代表性的服饰只有吴地服饰和西洋服饰。毋庸赘言，这里的吴服并不是那个意思。

虽然在《日本书纪》成书的年代，吴服的发音为“kure-hatori”①，但进入江户时代后，“go-huku”②的发音就作为新日语扎下了根。我猜想，这个发音可能来源于当时的商人用语。西阵是京都的丝织品产地③，而江户时代的西阵商人们把位于池田的吴服神社奉为业界之神，所以“吴服”这个词很有可能就是从这个神社来的（后来人们把为将军和大名④定制吴服的御用商人称为“吴服师”，街市上的商人则称为“吴服铺”）。

这就意味着，只有西阵生产的丝织品才叫“吴服”，这个词只能用来表示日本本国产物。而说来奇怪，从长崎传入的正宗苏州（吴）丝织品，却不叫“吴服”而叫“卷物”。吴音扎根于日语，而“吴服”成了日本国产服装的代名词，这便是语言变迁的奇妙之处。

---

①“吴”和“服”都训读。

②“吴”和“服”都音读。

③产于日本京都西阵地区的西阵织是使用染色线织出图案的提花织物，是日本国宝级的传统工艺品，在织品界享有盛名，地位崇高。

④大名：日本古时对领主的称呼，由名主一词转变而来。所谓名主就是某些土地或庄园的领主，土地较多、较大的就是大名主，简称大名。

# 7 胥门与阊门



从盘门继续向北走就是胥门。

这里流淌着一条古代建造的人工河——胥江。两岸挤满了民房，而白色石灰墙贪婪地汲取着初夏的阳光。

一片片如仙贝一般薄而小的瓦片层层叠叠，铺满屋顶。铁青色的流水穿过黑瓦白墙的民居，古雅的木船在水面穿梭。有时候，船会藏在垂柳后面，但很快地，它就又现出身来。人类花费了千年的时间搭建了这样一个结构复杂的城镇，可是其间流转的却只有水与船，人影只是偶尔能瞥见。人们都说吴国是沼泽之国、苏州是江南水乡，此刻的我站在胥门附近，比任何时候都更强烈地感受到了这一点。前面说过，传说胥江是春秋时期的伍子胥挖的，而胥门这个名字应当是根据胥江取的。

我在这一带看到了晒凉席的人家。现如今还晒什么凉席呢？我心下诧异。

旧话重提，古时候长江中游有个幅员辽阔的水田国家——楚国。战国时期，楚国吞并了春秋时代占据江南（长江下游）的吴国和越国。本来吴越文化就与楚国文化相通，苏州等地也因此顺其自然地吸收了楚国文化。虽然吴是小国，楚是大国，但战国以前，吴国的文化却远比楚国发达。

平凡社将写于六世纪的《荆楚岁时记》[①]收录进了“东洋文库”，由故守屋美、布目潮沨和中村裕一三位先生译介。据说这本稻作之地的“岁时记”直到奈良时期才传入日本。楚国在五月初五端午节这天，有在门上挂菖蒲以避邪的风俗。从日本平安时代的文学记录来看，同样的风俗在日本也扎根许久了。原因在于，日本与楚国都是水田之国，有许多近水生长的菖蒲，比起华北的半干旱地区，楚吴越与上代的日本有更多的共通之处。

《荆楚岁时记》认为五月（自然是农历）是“凶月”。这可能是由于五月温度高湿度大，细菌容易繁殖和扩散，从而导致疫病流行，病死者众多。所以，五月有许多忌讳。

比如书中提到“忌曝床荐席”[②]。而当我看到外面晾晒的凉席（苏州人在床上铺草席），我想新中国可能已经没有这样的忌讳了。

“今天是农历的几月几号呢？”虽然我觉得不会有这么巧的事，但还是问了博识的吕先生。

“是四月二十九日。”吕先生竟然不假思索地答了出来。顺便

①《荆楚岁时记》：是记录中国古代楚地岁时节令风物故事的笔记体文集，由南北朝梁宗懔（约501—565）撰。全书共三十七篇，记载了自元旦至除夕的二十四节令和时俗。

②“忌曝床荐席”：意为忌讳晾晒铺在床上的席子。

提一句，这天是阳历六月一日，星期一。

我之所以想知道农历日期，是因为尽管不是家家户户但偶尔还是能看见有的屋檐下挂着凉席。我想这是因为农历的五月五就快到了才会这样，看来这种习俗并不限于旧时的楚国。我们之后还去了四川成都和云南昆明，在一路走过的平民区巷子里，偶尔也能看见民居窗沿上集体挂席子的大场面。

这习俗也没有多兴师动众，不过是倒挂一束菖蒲草在门前。至于什么祛除凶月的毒气、赶走瘟疫之类的，想必人们也没真的这样想，只是在门前挂菖蒲可以让人们更直观深切地体会到五月之临近罢了。追随着季节而变化的习俗，就像人们一年之中的脚步。时代在变，政治在变，而习俗不变。它如人类一般顽强，又如人世一般虚幻。

“中国有菖蒲浴[①]吗？”有人问吕先生。

中国自是没有的。吕先生甚至不能立即将它概念化，只顾歪着头思索。菖蒲浴在日本也是很新的习俗，最初是公共浴池作为营销战略而提出的。

其实根据《荆楚岁时记》的记载，挂在门上的东西不是菖蒲而是艾草，文中有“采艾以为人[②]，悬门户上，以禳毒气”的表述，而至于菖蒲则是切碎泡酒而饮。总之至少在六世纪，端午节的主角还是艾草。而到了清代（也有可能在这以前），菖蒲不仅被人挂在门上，还被缠在腰上。另外与中国不同，日本至少从平安时代起就将菖蒲茎叶朝外根朝里地搭在屋檐上。

① 菖蒲浴：指在端午那一天，在浴池里放入菖蒲泡澡。

② 采艾以为人：意为将艾草扎成人形。

再比如说粽子。每年五月五，人们都以包粽子吃粽子的方式纪念投身汨罗江的楚国大夫屈原。这个习俗诞生于中国，今天的中国人自不必说，日本人在这天吃粽子的也不在少数。

菖蒲在日语里与尚武[①]同音，所以在日本的五月初五，人们会在室内摆出英武的武士娃娃，在室外挂上一串串鲤鱼旗[②]。这样的习俗中国倒是没有。

让我们继续回到凉席。如今在中国，于五月份晾晒凉席已不再是忌讳，我在胥门见到的那一幕可能只是偶然，也可能是人们想趁着五月还没来（四月二十九日）赶紧先把凉席晾干了也说不定。

来苏州之前，我们在上海住了一晚。

在我们漫步于上海街头时，发现路边有个凉席店的库房。两个年轻人一个接一个地将厚实的大卷担出库房，摞在小卡车上。凑近一闻，是久违的蔺草清香。看来，这种崭新榻榻米[③]的味道不只日本人知道。

之后，我们从上海站出发，穿过古代越国之地，不久便身处江苏（吴）了。车窗外闪过大片如毛发般的草，绿油油的。这是蔺草，一看便知。

近代以前，苏州的轻工业就已经相当发达了。古时，它因为丝绸而闻名，后来它又开始了用干蔺草编织草席的产业。日本自古（《枕

---

① 发音均为“syoubu”。

② 五月五日是日本的男孩节。摆武士娃娃和挂鲤鱼旗都是传统习俗。鲤鱼旗象征鲤鱼跃龙门。

③ 榻榻米：是日语“畳（tatami）”的音译，指一种铺在室内的草席。多为蔺草编织而成。

草子》[1] 里就有）称席子为“goza”，有时也写作“御座”。

“难道说是‘吴座（goza）’的意思？” 我在上海街头嗅到草席味时突然想到。

回家后我四下查阅了一番，但到底没有明白多少。

虽然《枕草子》主要是描写宫廷生活的，但里面也出现了很多用来铺的东西。在那个时代，即便是宫廷也基本上先铺地板，再铺榻榻米（那时把今天的榻榻米叫“厚叠”），榻榻米之上又铺一层褥垫。除了上面这些，书中还提到了用蔺草等物盘成的“圆座”（也就是后来的蒲团），以及这里说的御座。

作者清少纳言对色彩的敏锐和讲究，几近偏执。她尤其中意白色，特别是纸张的白。忧郁的时候只消捧起“白纸”或“极白净之纸伴一好笔”又或“檀纸”[2] 看一看心情就能转好。有悲观厌世倾向的她甚至为此感到“虽乃浊世，然尚可居也”。

有一段时间，她心中抑郁，故从宫廷回到乡下调养。一天，一位用人进来，扑通一声放下手里的东西，也不说是从哪儿来的，只留下一句“这个”就离去了。就跟今天的配送员一样冷淡。她打开一瞧，正是御座。

镶御座之纹以高丽，清雅之至。

送来的御座四周用布镶着边，上面的“高丽”就是“高丽缘”，

① 《枕草子》：是日本平安时代女作家清少纳言创作的随笔集。与同时代的《源氏物语》被喻为日本平安时代的文学双璧。

② 檀纸：和纸的一种。因为平安时代陆奥是其产地，所以又叫“陆奥纸”。

与高丽国却并无干系。她接着又说，因为这白底上绣着黑色云形花纹，底面显得更洁白了，尤其是给御座镶上高丽缘，美不可言。看来她很喜欢这个花纹。

其他章节中也有类似的描写：

> 又有那高丽缘与这翠绿的厚草席（应该是指御座）。

文章接下去是一些如下这般细腻的感性描写：

> 不知何故，终究难舍（不知怎么的，总觉得这个世间也还是放弃不得）[①]。

清少纳言是当时（十世纪）在后宫供职的高级女官，赐她御座的是中宫（定子皇后）。可是不论她多么喜欢高丽缘白底黑纹的简洁色调，说到底也不过是个御座罢了。

如此看来，御座在后宫也是上等物件，与波斯绒和水貂皮一样贵重。

有趣的是，日语中“goza”还可对应写作“茣蓙”，这可以与上边《枕草子》里的情景联系起来考虑。

汉语里没有“茣蓙”这个词。从汉字层面来看，“蓙”本身就能表达其词义，而“茣”却与其毫不相干。也许“茣蓙”，是日本某个时代的人们为了表现出“吴之座”（goza）的珍贵而选用的吧。

“吴服”和“茣蓙”等和制汉文的诞生，与明治以后服饰所表

① 作者此处先引了古文，括号里注了现代日语翻译。

现出的巴黎气质之间，可能有某些共通之处。

沿着苏州西城墙往北走，过胥门不久，就是阊门。

春秋战国时期，楚、吴、越等稻作国家的语言，与中原各国有着很大差异。据《说文解字》记载，楚语中把“门”称作“阊门”。吴越是什么样的叫法，我们自然不得而知，不过吴国把西边这座通往楚国的城门（西北角）取名“阊门”，想必是特意用了楚语。

楚语“阊阖”另有通往天界之门的意思，有时也单指位于西方的门，这大概是因为他们相信天界位于西边。此外，楚人还把西风叫“阊风”。

从苏州（吴）阊门而入的，也是西风。公元前 506 年，吴国大破楚国，《吴越春秋》中把现在的阊门记为“凯旋门”（也叫“破楚门”）。真伪暂且不论，至少证明了这座城门自吴越起就有名字。

现在的阊门大约是清朝翻建的，颇像用砖砌成的玩具。出了门，民房有新有旧，商铺密密麻麻，这浓厚的商业气息与过去并无二致。

记得某本书上说，阊门附近住了许多福建人。擅长对外贸易的福建人，虽然在宋、元、明以前几乎未登上中国历史的舞台，但那以后却十分活跃，这大概也是受到了与阿拉伯贸易的影响。唐代，一群阿拉伯商人来到中国，他们是富有冒险精神的航海家。随着阿拉伯人以福建省的各海港为中心展开活动，福建人也渐渐地加入海洋贸易中。所以，我觉得福建人定居苏州就是为了采购用于出口的丝绸。而曾经无限风光的西域之路之所以会在宋代后日趋没落，与阿拉伯人开辟的这条对华贸易的水路也有一定的关系。

看完最后的阊门后，我们进入城内，择路向东。

三年前（1978年），我在这座小城的老剧院里欣赏了当地的苏剧[①]。那天的剧十分精彩，表演的是《西游记》中“孙悟空三打白骨精”的一幕。当时与我同行的友人是小川环树博士，他是一位中国文学学者。小川君是1910年生人，他赶上了战前的好时代，得到了公费来苏州研究学习苏州话的机会，因此在这里住过一段时间。对于这苏剧，他表现出了强烈的兴趣。猪八戒每一开口，观众们就要哄堂大笑，渐渐地，观众和八戒仿佛在气氛上融为了一体。我想这猪八戒的扮演者大概很有些名气，于是向小川君求证。对方却小声告诉我：“不是，是因为只有猪八戒说的是苏州本地话。”噢，这大概就和大阪道顿堀[②]上演的《真田[③]军纪》中，只有三好清海入道[④]一人操着大阪腔是同样的道理吧。

向东走着，我想起了当初那个小剧场里闷热难耐的暑气。人们还是过去那般粗放的派头，一边啃着西瓜，一边向空中吐着西瓜子。戏里女妖精变化繁多，不住地与孙悟空斗法。猪八戒却在一旁帮倒忙。八戒手忙脚乱的笨拙和说苏州方言的滑稽，在这部作品中结合得恰到好处。

前面说过，汉字最开始是以吴音传入日本的，按理说吴音应当是极高贵的发音。而现在吴音从猪八戒的嘴里说出来却惹得观众前仰后合，这其中的落差也颇耐人寻味。

---

① 苏剧：苏州市地方传统戏剧，由花鼓滩簧与南词、昆曲合流而成，流行于苏南浙北城乡。

② 道顿堀：是沿着道顿堀川南岸的一大繁华街区。有各种美食店、娱乐场所以及传统剧场。

③ 真田：真田一族是在信浓国兴盛起来的，原为武田家臣。族中的真田幸村因为在大阪之阵中的出色表现，被称为“日本第一兵”。

④ 三好清海入道：是日本江户时代立川文库编撰出的历史小说人物，真田十勇士之一。

出版于1943年的《苏州日记》（高仓正三著，弘文堂书房刊行）的作者，曾在东方文化研究所（现在的京都大学人文科学研究所）当助手，1938年作为公费留学生定居苏州学习苏州话。然而留学期间，他不幸患了病，1941年3月12日住进盘门内新桥巷的苏州医院接受救治，最终未来得及会见亲属便匆匆离世了，享年二十八岁。

《苏州日记》得以出版在于其巨大的学术价值。吉川幸次郎博士在后记里写道：

> 我觉得这本日记对于同研究领域的学者来说是十分有价值的。作者留学的目的首先在研习苏州话。虽然近来学界内对于北京话的系统研究渐次增多，而对与北京话相区别的“吴语”的研究却始终未有人开拓。作者对着这片未开垦的荒地挥舞铁锹，希望能在与北京话的对比和与古语的对比中建立起“吴语”的知识体系。

战前，日本一直未曾停止对“吴语”的研究，小川环树君与高仓正三的留学经历便是证据。

# 8 逃亡之手 锦带桥

苏州旧城的北郊有个北寺塔[①]，它院子很大，塔身高耸。它是塔寺一体的结构，面积大得过分反而失了美感。现在这寺已不住僧侣，成了当地民众放松休闲的公园。

这里是个相约碰面的好地方。

我与去了拙政园等地的须田君一行相约在北寺塔内的茶馆会合。

茶馆这地方可真不错。

由于时代与地域的不同，有叫它“茶室”的，偶尔也有叫“茶社”的，在我看来，这“茶社”的叫法最为符合。中国的茶馆就像英国的小酒馆那样（虽然茶馆不会提供酒），总有居民为了舒缓心情聚集此地。就是现在，退休后的老年人也常常聚在这儿喝茶。茶馆是从明清，或者更早以前传承下来的，哪个城市都有。

① 北寺塔：是苏州报恩寺塔的俗称，位于北塔公园，号称“吴中第一古刹”，始建于南北朝梁代（502—557）。

我们穿过两端高高翘起的门檐径直向前走去，寺院里面处处设着黄色垃圾箱。这垃圾箱是陶瓷制的，外面单裹了一层薄薄的黄釉。造型很有趣，是个狮子，眼珠鼓得像青蛙一般。这狮子头大身子小，一张嘴大张着，时刻等别人投喂垃圾。狮子的底座上刻有几个凸起的字：果壳箱。

从造型来看，这应该是在统一烧制的模子上简简单单上了层釉做成的，它完全摆脱了清朝遗留下来的那种在工艺美术方面过度拘泥于细枝末节的弊病。它与日本近来的陶瓷器不同，不是为了呈现出滑稽的效果刻意造成这样的。只因这狮子不是为艺术而生的，造型方面便有些顾不上了。倘若不让狮子把脑袋仰得如此之高，那“果壳箱”就盛不了多少垃圾，又倘若不让狮子把嘴张得如此之大，那垃圾便又不好扔进去。



眼前这米黄的釉色，倒与安土桃山时代[①]从中国南部传入日本的安南[②]瓷器有几分相像。这垃圾箱的产地是宜兴，苏州在太湖以东，宜兴在太湖以西，那里盛产火钵等日用器具。若是在安土桃山时代，喜好茶道的人可能会把它当成宝贝置在茶室庭院里，当然我也并无十分的把握。或许是因为寺院里实在没什么可看的建筑，总之这不加粉饰的垃圾箱反而显得活灵活现。

底座上还刻了别的字：讲究卫生，人人有责。

---

① 安土桃山时代：又称织丰时代，即织田信长与丰臣秀吉称霸日本的时代。始于织田信长驱逐最后一个室町幕府将军足利义昭，终于德川家康建立江户幕府。

② 安南：为越南古名，出自唐代的安南都护府，曾是中国属国。越南从十四世纪晚期开始在中国的影响下烧制青花瓷器，十五世纪到十六世纪为其青花瓷生产的黄金时期。

这若是给镰仓末期从宋朝学成归国的禅僧看到了，说不定就会得到哲学意义上的深刻解读，就连当时和现在都很常见的“喫茶去”这几个字，这些日本僧人们下笔时也个个面色凝重。因为如果将这句话变作训读的话，倒也不是全无禅意。日本文化中从不缺乏这种深刻的解读，无论是对过去的中国还是对那以后的西方，某种意义上也很耐人寻味。比如说茶道与花道，虽然它们均来源于当时中国寺院里的生活剪影，但如今却在日本生根发芽，长成了一片连发源地中国都未曾想象过的茂密森林。

我们走进茶馆，也许因为已经是上午十点了，里面并无客人，没有人要茶，也不见有人端茶来。入口处的桌子前坐着一位女服务员，旁边的墙上悬着一张写有“酸梅汤”的手绘海报。从画上看去，像是某种很甜的果汁，价格是“每杯五分”。我们走到她桌前，付钱后各自拿了一杯，又返回自己的桌子。当然，不买也可以，只是坐着是不收钱的。

自明末至清代的大部分时间内，苏州经济都蒸蒸日上，在欧洲掀起工业革命以前，它是世界上名列前茅甚至首屈一指的繁荣都市。此地产的丝绸，在海内外均有需求，所以苏州和福建沿岸的海上贸易活动十分频繁。丝绸通过各个港湾流向海外，而苏州则因此将大量白银收入囊中。

丝绸在中国国内的需求量也不少。

中国高品级官员的官服均是锦缎制的。蜀锦虽然也有些名气，但苏州的锦缎制造业显然更为兴盛。

其实日本也生产锦缎之类的高级丝织品，而且早在文字传来以前就有相关产业了，这里姑且不提。进入奈良朝后，中国官制（律令制）传入日本，从这时起日本的大官也必须身着锦缎制的官服。为此，丝绸的需求多了起来，日本也开始引进相应的技术。但是，日本的锦缎只能由官署（织部司）做，民间是不可擅自生产的，不过话说回来，即便百姓私自做了，其实也没什么地方可以用。

平安时代末期，国家财力不支，锦缎需求量下降，织布技术也跟着衰退了。到了镰仓、室町时代，日本则开始完全依赖于从中国进口。当然，织布这门手艺倒也不是彻底消失了，平安末期织部司的工匠们见国家已然不能依靠，便在如今的西阵一带落脚，自行揽活。只是这关起门来、不与别国互通有无的手艺，想必是很古旧的了。

进入室町时代后，日本开始了与明朝间的贸易往来，传说这时期从明传入的丝织物奢华精美，衬得日本古来的丝织物黯然失色。

然而又过了不久，到丰臣秀吉①掌权之时，居住在西阵的工匠们就已把手艺磨炼得几乎能与明朝的工匠比肩了，甚至有时还能织出更好的。织物中的绉绸，本来不是日本的发明，它诞生于对明代丝织品的研究基础上。还有“繻子”和“缎子”，从名字也可以看出这不是日本室町之前就有的东西。此外，女子腰封与僧人袈裟上所用的“金襕”和“银襕”，也都是由西阵匠人们在室町时代传入的明朝舶来品的基础上，于丰臣时代研究发展为本国技艺的。

只是日本丝织品无论再怎样进步，在花样和数量上，却还是比不上苏州的。

---

① 丰臣秀吉：原名木下滕吉郎、羽柴秀吉。是日本战国时代、安土桃山时代大名，室町幕府之后，首次以“天下人”的称号统一日本。

只是，苏州不像十三四世纪以后的德国诸城以及中世某一时期的堺市那样可以进行自由贸易，历朝历代，流入苏州的外币均悉数归了朝廷。不过，由于朝廷对苏州产物的大量需求，银子最终还会再流回来。正因为这个缘故，苏州才能在明清时期也保有相当的殷实家底。

雄厚的财力使这座城市渐渐地滋养起一种“学问”。这“学问”不在创意的培养上，也不在自由思想体系的建构上，而在旧的、中国式的产物上。

“过去不是有状元嘛。”吕先生说，“苏州人占了绝大多数。”

状元是指在科考中取得第一名的人。与其他举人不同，状元受到很大的优待，这其中很多都是苏州人。随着舞文弄墨之人的大量聚集，苏州人的学问与文学素养比其他城市的人高出了数倍。应试的人水平高，状元自然就出得多了。

须田君一行终于来了。

“拙政园转得挺好？”我问。

须田君听了立即抬起右手在空中比画，像在空中抚摸一只猫。

“实在不很好……”他抿着嘴笑了。

其实我现在也依然认为拙政园在中式庭园里还算不错的，只是它面积太广，池水面积占去了庭园的一半，游人单是围着一个个的池塘和假山看，就已经很累了。苏州地势低、气候潮湿，若不挖些水池、高低错落地堆起山丘，便腾不出干燥的土地来。只是那些建于干土上的亭台楼阁，每一个都给人一种黏腻之感，为此，我的记忆中只剩下了疲倦。

拙政园是明朝建的。

明朝嘉靖年间[①]（十六世纪），有位高官因为对政治心生厌倦，而选择了隐退苏州。恐怕我们现在所在的北寺塔附属地，就是他买来建造的。这位官员的儿子是个浪荡公子——苏州有着孕育浪荡子的适宜土壤——他因在赌博中惨败，只好将这庭园拱手送予他人。自那以后，这庭园不知换了多少主人，若是把这些主人的经历一一调查出来，兴许都能写成一部文学巨著。

明朝末期，它的主人是吴三桂（1612—1678）。没有什么比吴三桂对明朝的背叛更令人痛切的了。那时中原闹饥荒，流贼四起。其中李自成（1606—1645）率起义军攻破北京，逼得崇祯帝自缢煤山，明朝就此灭亡。

与此同时，在半牧半农的东北大地，女真族崛起，建立大清。他们在明长城的山海关外布满骑兵与明朝官兵对峙。就在此时，守卫山海关的吴三桂摇身一变扯起反旗，大开关门。清兵于是如洪水般涌入中原，终于一发不可收拾，中华大地上竖起了大清的旗帜。

吴三桂献关的动机始终令人费解，有人认为这可能与女人有关。

苏州不仅有学者和浪子，还有很多名妓。当中最有名的要数陈圆圆，吴三桂甚至为她赎了身。然而，李自成的部将在后来的战乱中趁机掳走了陈圆圆。在山海关军营中听闻此信的吴三桂，胸中突然涌起一股无可挽回的冲动，于是转身就将明朝的国土卖给了别人。

更重要的是，随着明朝灭亡，清军入关，清政权统一中原，大



① 应为明正德年间，此为作者误。

批明朝难民来到了日本。其中比较著名的有受水户藩[①]藩主德川光圀[②]庇护的儒学家朱舜水[③]（1600—1682），以及在京都郊外的宇治开创了黄檗宗[④]的隐元[⑤]（1592—1673）。然而那些被历史埋没的无名之辈，可能比我们想象的还要多得多。

大家有着共同的目标——长崎。长崎住着一位名叫陈入德的医生，他是杭州人，号颍川居士，在日本官民中声望极高，据说这位颍川居士时常援助难民。

另外，尽管直接的历史证据不易得，但我依然能从各个文献的字里行间中看出长崎奉行[⑥]对明朝难民友好的态度，以及江户幕府对明代抱有的特殊感情。幕府甚至从逃难者中选出贤士提拔为长崎通词（唐通事）[⑦]。

《唐通事家系论考》（长崎文献出版社）一书，是居住在长崎的林姓学者编撰的，他对唐通事有扎实的研究。从这本书中我们可以品出更多的信息。

有一位与唐通事无关的逃难者，法号独立（1596—1672）。他

---

① 水户藩：是日本江户时代的一个藩，位于常陆国（今茨城县中部及北部）。

② 德川光圀（1628—1701）：日本江户时代的大名、学者、历史学家，水户藩第二代藩主，初代将军德川家康之孙。著有《大日本史》。

③ 朱舜水：朱之瑜，号舜水，明朝学者、教育家。明朝灭亡后，流亡日本，讲授儒学。对水户学曾产生影响。著有《舜水先生文集》等。

④ 黄檗宗：佛教禅宗派别之一。宗名取自福建福清之黄檗山。与曹洞宗、临济宗合为日本三大禅宗。

⑤ 隐元：明万历年间僧人，法号隐元。日本黄檗宗的开山鼻祖。

⑥ 奉行：是日本存在于平安时代至江户时代的一种官职。在平安时代是担任司掌宫廷仪式的临时职役，镰仓幕府成立以后逐渐成为掌理政务的常设职位。

⑦ “通事”“通词”均是幕府设的翻译职位。

是浙江杭州人，俗名戴笠，字曼公。1653 年，第四代征夷大将军德川家纲在位时，他跟着别人东渡日本，抵达了长崎。据说那之后他在长崎受到了奉行甲斐庄喜右卫门的悉心庇护。同年，明朝僧人澄一也流亡至此。第二年，隐元东渡长崎。于是，戴笠随隐元皈依了佛门，法名性易，法号独立。

独立在诗文方面并无甚出彩之处，但却写得一手好字。他的书法传给了同为东渡之人的弟子高玄岱和日本人北岛雪山，北岛雪山又将它传给了儒学家细井广泽（1658—1736）。广泽因为在历史上帮助过赤穗义士[①]而广为人知。独立的书法经广泽的手传得很广。当时，人们将独立的书法称作“唐样”，以区别于“御家流”。古川柳[②]里有句话叫作“豪宅贴唐样[③]，不过三代”。这也足以说明“唐样”这个书法用语在当时是何等流行。

而独立本人的事迹，却不怎么为人所知。1663 年，在日本待满十年后，他转投周防国岩国市六万石[④]的吉川家族，在那里度过一段时期。

已故的岩国人河上徹太郎先生曾有一篇讲述独立之事的随笔（《河上徹太郎》全集第五卷）。河上徹太郎先生在该篇里简洁地交代了锦带桥的来历，又依据岩国史学家桂芳树先生的《独立和广嘉》讲述了以下的事情。

---

① 赤穗义士：也称赤穗浪士。江户时代赤穗浅野家的家臣，浅野长矩枉死后，他们集结起来为先主复仇。

② 古川柳：川柳是一种诗歌形式，音节按 5、7、5 的顺序排列，不受“季语”限制。古川柳指江户时代创立的川柳，与明治后期复兴的新川柳相对。

③ 唐样：这里代指“此屋出售”的字样，与“富不过三代”意思相仿。

④ 石：用来标记粮食俸禄，石数越高地位越高。

据说独立初见藩主吉川广嘉（1621—1679）时，跟他提起了故乡杭州的西湖石桥。因为这之前锦川上的桥总是被洪水冲走，吉川正为不知道如何设计新桥而烦恼，一听独立这话，立即追问道："可有西湖石桥的画没有？"

独立一边说在长崎有，一边立即派使者去取。独立将图纸递呈吉川过目后，这位大人随即击案而笑。就因为这么一点启发，有名的锦带桥便诞生了。这个绝妙的例子告诉我们，既有的文化，一旦停止接受外来刺激就会止步不前，反而吸收文化的一方如果足够敏锐则往往能带来令人惊叹的变化。我们不能否认，正是因为这个道理，江户初期的西阵织布工艺才取得了傲人的进步。

# 9 棁[1]与樋



江户时代，江户与大阪这样的大都市人口密集，常发生火灾。

大名与旗本[2]的家宅、百姓的住房以及寺院神社的屋顶都是用木板铺制的，粗制滥造。一旦火起，顷刻间都将不复存在。

一种名为“洛中洛外图屏风”[3]的绘画形式流行于室町末期至安土桃山时代（有时也说至江户初期），它客观描绘了京都名胜及庶民风俗。拿民房来说，在十七世纪初的画中，木屋顶只是偶尔出现，而在狩野永德等画家于更早的十六世纪创作的画中，民房屋顶几乎都铺木板，上盖一层河滩碎石。直至江户时期，江户、京都和大阪

① 棁：等同于中文的风火墙。风火墙又称马头墙、防火墙、封火墙。特指高于两山墙的墙垣，也就是山墙的墙顶部分，有防火作用。

② 旗本：江户时期，将军家臣中未满一万石的武士，有谒见将军的资格。

③ 洛中洛外图屏风：日本历史上风俗画的一种，洛是指日本京都市，洛中洛外图展示了京都市的名胜古迹。

依然沿袭这种建筑结构。别说防火了，根本就是助火。

这里特别说一下大阪。

江户以前，大阪与明朝通过堺港湾往来密切，再加上从长崎港湾流入的中国制品也大部分囤积在大阪的批发店内，大阪在很多地方都受到了中国的影响。

不过在建造城市这方面，却可以说没有受到什么根本的影响。笼统来说，日本的城市皆是自然形成的，中国则不然。商代以来，城市都是先设外墙再图内建。这种做法与西亚相通，又与欧洲相通。这些国家分属欧亚大陆各个文化圈，它们在建造城市时首先考虑的都是防御战争。

在日本，虽然平城京（奈良）、平安京（京都）以及城下町①等均有各自的设计图可以依傍，但作为城市重要构成部分的庶民建筑却往往被敷衍了事。民居建筑群的防火问题在很长时间内，都未得到关注。

大阪在江户中期以前，常常发生火灾。

比如第八代征夷大将军德川吉宗在位的享保年间（1716—1736）就发生了两次：一次在享保元年，有三千六百三十五户被烧，接着享保九年，又有六万零二百九十二户被火舌吞噬，这相当于整个城市的三分之二。第十一代征夷大将军德川家齐在位的宽政年间（1789—1801）共计发生了三次火灾，其中宽政四年的大火直接导致一万零五百四十二户房屋毁于一旦。

① 城下町：战国至江户时期以大名的居城为中心发展起来的城邑。

奉行府在当时社会条件允许的范围内颁布了防火的政令。比如在享保九年火灾发生以后，官府就贴出这样一道布告："一个不落通通改成瓦顶。"说是"一个不落"，但其实也仅限于位于市内（大阪三乡）的而且是烧毁后需要重建的房子。

大阪船场[①]物流往来频繁，运河四通八达。囤积来往货物的仓库也在运河边上一字排开。对于在大火中被烧毁的仓库，官府下令全部改建成四面涂泥浆的结构。

就这样，江户中后期，大阪繁华街道鳞次栉比的商铺，不只是改换了瓦顶，还出现了很多被称为"涂壁"的灰浆墙。城市面貌渐渐地变了。

我有预感，到了浙江杭州后一定能在民房里看见"棁"。

在日语里，杭州与广州（kousyuu）发音相同难以分辨，所以日本人常把杭州说成有"杭"字的"kousyuu"。我问一些去过杭州的朋友，可曾在杭州看见"棁"，大家都只是摇头。

进入室町时代后，明州[②]（宁波）港作为中日两国的海上交通枢纽渐渐繁荣起来。宁波与杭州很近，想必日本江户时代的民居建筑也在一定程度上受到了这一带建筑风格的影响。

除了远古年代，日本的民房建筑几乎是独立发展起来的。就拿江户时期的民房来说，虽然幕府为了排除大城市的火灾隐患而煞费苦心，但基本建材（日本的建筑用木材，而江南民房大多是在砖墙外涂石灰）确实无可奈何，所以最后只是引入了"棁"这种能避免

① 船场：是位于大阪市西部的商业、金融城镇。它曾经是商人云集的船码头，船场之名便由此而来。

② 明州：唐代称呼，今宁波。

火势蔓延的结构。

“棁”先是在江户时期的大阪与京都兴起，后来流行到了全国。在房屋街道保存尚好的滋贺县和长野县一带，就是现在也常能见到。在位于爱媛县南部的一个小镇卯之町里，古商铺大街上的每家每户都竖立着气派的“棁”，实在令人吃惊。

“‘棁’的话，我在埼玉县也见过。”须田君回忆起了少年时代的故乡景色。

“棁”能在相邻建筑发生火灾时隔断火源。

相邻的民房之间一般会建一堵墙。有的“棁”是在建筑长轴方向的一整面墙，有的只是从一层向二层伸出的一截墙面。“棁”上一定有房檐，且那房檐连带着“棁”均比原本的房屋高出一截。

据我观察，苏州好像没有。

我向张和平请教此事，他也一头雾水。看来就算这个人，也难以理解“棁”这个日语词以及“棁”本身的概念。我试着在笔记上画下了日本古代民房中“棁”的示意图。也许是我画得太糟，张和平看后默默摇头，越发不理解“棁”为何物了。

“不知道？”我继续追问。

“不知道。”也许他不能理解“棁”具体是画中的哪个部分。

这个小插曲发生在从苏州开往杭州的“K251”次列车内，车出发于中午十二时二分。苏州与杭州相距二百七十五千米，大约需要花五小时。窗外田园广袤无垠，天空飘着许多云。

“到杭州以后，问问当地人吧。”他说。

沿线风景里，既有水田，也有种植蔬菜蔺草的农田。汉语不区分“田”[1]与“畠（畑）”[2]，所以不论种瓜[3]还是种稻谷，都一样称为“田”。比如中国就有“瓜田不纳履”的说法。这也许是因为汉字发源于不种水田的黄河流域，而不是长江流域（楚吴越）。这对于一个历来把一切事物都区分得清清楚楚、且为此创造了一个又一个汉字的文明来说，实在出乎意料。

在日本，“田”与“畠（畑）”是严格区分使用的，甚至在江户等时期，这两个字的区别还是幕府法制、经济制度以及身份制度的基础。水田百姓身份高，旱田百姓身份低。“畠”和“畑”都是和制汉字，汉语里是没有的。

与我同行的朋友中，有一位名叫畠山哲明。这名字单从字面上看去就透着一股宽容豁达的风度。怎么才能用汉语把这点表达出来呢？这着实让中国人费了一番脑筋。“没办法，只好从‘畠’中单取一个‘白’字。”在场的某位中方人士，远远看着畠山慈祥的面容低声说道。确实，“畠”这个字就是指干旱发白的田。“白田”这个音读汉语词和它极少的例句被一同收录在诸桥辙次编的《大汉和词典》里，其中“种豆江南白田”一句出自《续搜神记》。

恐怕这个“畠”字，就是日本人把“白”和“田”合在一起造的。众所周知，从很久以前开始中国人就习惯直接用汉字发音念日本人的名字。因此，不能直接用汉字念出的名字对中国人来说非常棘手。比如我的妻子，这次她也与我同行，她的名是用平假名表示的，发

---

① 田：特指水田。

② 畠（畑）：特指与水田相对的旱地。

③ 瓜：日语这里一般用“畑”。

音为“midori”。遇到这样的，中国人只好默不作声。

“如果用汉语写的话，该用什么字呢？”车里也有人问。

若是写成“美登利”，就会让人以为是某处酒馆的名号。至于畠山先生，中国人之间都称他为“白山先生”。

以上都是些闲谈，下面来说说“樋”。

“樋”是中国原有的汉字，然而在中国它指某种树木，至于日语中用“hi”表示的木制导水管和细长沟槽等以及用“toi”表示的排水管等意思是完全没有的①。这么说来，它也算半个日本制造。

这次旅行中，没有雨天。虽然没实际看到下雨时是什么样，不过从苏州古民房的结构来看，如果下雨，雨水会直接顺着房檐落下，可是房子却没有“樋”②。所有老房子都没有。

我不禁好奇：难道中国过去没有“樋”吗？

之所以说“过去”，是因为新近建的带屋檐的公共设施和公寓均安有排水管。而以前的民房，据我观察，无一例外全都没有。从苏州到杭州的这五个小时里，我也尽我所能观察了沿途的民房，屋檐底下确实都没装。

这里借《日本国语大辞典》来给“樋”下个定义：将雨水从屋顶引到地上的装置，使用金属、竹子等材料制作。

我为了找出符合这个定义的汉字查阅了辞典。有“械”“桶”“筧”这几个字，虽然能表示“hi”的意思，却不能表示“toi”。它们可以用来指代从某处引水的木管，却不能用来表示建筑概念上的排水

① 日语中“樋”有两种发音，分别是“hi”和“toi”，发音不同表示意义不同。

② 樋：这里取排水管之意。

管。所以，至少可以推测出在造字的时代，中国是没有排水管的。

这让我想到了同样没有排水管的东大寺[①]大佛殿。这座庞大的建筑自 752 年（天平胜宝四年）创建以来，因为数度历经火灾而重建过多次，可是依然没有加上排水管。一到雨天，雨水就会沿着屋檐持续不断地砸下来，形成骇人的水墙。我曾问过东大寺的僧侣为何没有排水管。得到的答案是：因为创建以来就没有。1198 年重建时，据说效仿了宋代建筑，那时也没有安装排水管，可见当时中国也没有。

日本早在中世就有“樋”了 。

在 1603 年耶稣会传教士刊印的《日葡辞书》中，“toi”这一条里就有了“樋”的释义：“是建筑物中的一种木制管道，用来将屋顶的水向外排出。”

排水管是很方便的东西，所以今天中国的新建筑里都在使用它。

然而对当时的中国来说，可以说很不寻常了。浙江与日本九州的往来那样频繁，为什么中国却没从日本引入民房的“樋”呢？也许在历史上的某个时期，中国文明萌生了独自发展的意识，于是失去了吸收他国优秀文化的敏锐。

到杭州时，已经过了下午五点，但天还十分亮。

正好是下班的时候，街市熙熙攘攘。在我们的小巴士从自行车队伍中劈路前行的时候，我透过车窗看到很多古老民房的“棁”。

“那个用汉语怎么说？”我问来接我们的作家沈虎根先生。可是车子已经开过了，沈先生没有看到。我便把我的笔记给他看。

---

① 东大寺：位于平城京（今奈良）东，是南都七大寺之一，距今有一千二百余年的历史，是世界最大的木造建筑。

“风火墙！”沈先生几乎喊了出来。他说这是用来防风防火的。

“风火墙”这三个字太过于精准，应该是建筑学的术语，我想此外肯定还有百姓用的俗语及木匠用的专业用语，不过碍于时间关系我没有问得这么细。

“到了浙江杭州后一定能在民房里看见风火墙”——当时我是这么想的。但其实何止杭州，风火墙这东西宁波也有，四川成都街道上的也不在少数。

在日本的江户时期，乡间百姓的愿望就是有朝一日次子以下的孩子能成为独当一面的商人，拥有一个两侧设着风火墙的商铺。至于没能达成这个愿望的人，人们便用“总也竖不起风火墙”来形容。

在外行人来看，建个风火墙应该费不了多大功夫。其实不然。建风火墙首先需要木匠构建骨架、搭木板，接着泥水匠向内夯土、给墙上刷混了油的灰浆做装饰，最后再由瓦匠小心地在屋顶上铺上瓦，工序十分复杂。

江户时期的大阪仿佛有过这么一句话：“一风火墙三收藏。”我不是很理解这句话的意思，但我估计这是说，有了风火墙，失火时就不至于失去三件宝贝，我想总不至于是为了强调风火墙工费的昂贵。

# 10 西湖的风



要说杭州，就不得不说到宋。

自公元 960 年至 1279 年，宋帝国维系了三百一十九年的寿命。

按照日本史来说，宋朝兴起时，平安时代的公家[①]文化即将迎来它的全盛时期。御堂关白[②]藤原道长[③]称得上藤原氏荣华的象征，他诞生于宋朝兴起后第六年。

宋朝覆灭时，公家势力已退出日本的政治舞台。镰仓幕府业已创立，此时源赖朝[④]的血脉已经断绝，镰仓的天下也进入了由北条氏[⑤]代理将军实际掌权的时代。

---

① 公家：在古代日本对天皇、朝廷和公卿贵族的称呼。

② 关白：平安时代辅佐天皇总理万机的重要职位。藤原氏以外戚的身份掌握朝政，在天皇成年前自任“摄政”、成年后自任“关白”，合称“摄关”。

③ 藤原道长：日本平安时代的权臣，官累太政大臣，“御堂”是他的别号。

④ 源赖朝：日本平安时代末期至镰仓时代的武将、政治家，创立了日本幕府制度。

⑤ 北条氏：日本镰仓时代的豪族，族长北条时政（1138—1215）辅佐源赖朝开创了镰仓幕府。

在中国，宋朝衰弱的同时，蒙古帝国势不可当地强盛起来。在日本，所谓“蒙古来袭”这一当时令人难以置信的可怕消息席卷了中央和地方。僧人日莲[①]在各地激昂地宣讲，称蒙古一定会来袭。

这一时期，大量僧人和平民从杭州等江南地区流亡至日本。只是略微学过一些汉文的人也能通过与流亡者笔谈知悉中国的局势。人们通过笔谈可以充分察觉到新兴的蒙元的性格及其要建立一个世界帝国的意图。因此宋朝虽然还未灭亡，但蒙古来袭却是很容易预言到的了。

在平安时代，来自中国的流亡者还很少见。但到了镰仓时代，流亡者蜂拥而至。

镰仓时代有着多样的时代面貌，其中最重要的因素，就是所谓的国际化。即对宋贸易和对流亡者的接纳，以及蒙古军队来袭。

在宋朝灭亡五年前，日本遭受了蒙古军队的第一次来袭（1274年，日本文永十一年）。不过，他们由于风浪沉入了大海。这时是执权[②]北条时宗[③]的时代。

说到国际化时代，在第一次蒙古来袭三年前，威尼斯商人之子马可·波罗随父亲和叔父，扬帆向遥远的中国驶来。

马可·波罗时年十七岁。后来，虽说是在蒙古人的统治之下，但中国社会的文明状况经由他，以细致的形式传到了欧洲。那本《马可·波罗游记》给当时和日后的欧洲人带去了冲击。不过在另一方面，对当

① 日莲：日本僧人，开创了日莲宗。

② 执权：镰仓幕府辅佐征夷大将军执政的职位，地位仅次于将军，由北条氏世袭。

③ 北条时宗：镰仓时代的武将、政治家，曾两次率军抗击东征日本的蒙古军队。

时的欧洲人来说，中国文明就像另一个星球的文明一样，珍奇得过了头。众所周知，马可·波罗因为这本书得到了牛皮大王的坏名声。

他的记述中，还有“黄金之国日本”“宫殿的屋顶、地板和窗户都由黄金打造”这样似是而非的传闻。不过除了这些传闻外，总体上足以为信的部分很多，因而得到了后世的好评。

宋朝在其三百一十九年间饱受非汉民族的侵扰。这些非汉民族在长城外或从事游牧，或从事比游牧生产力水平更低的渔猎，又或靠粗放的农业营生。

女真族历来以狩猎为生，还兼营小规模的畜牧以及极为粗放的农业。他们生活朴素，因此兵精将强。当然，在宋人眼中，他们是与文明互不相容的蛮族。



这一民族的军队越过长城而南下，控制了华北地区，把那里并入了金国的版图。1127 年，宋朝为躲避金军的铁蹄，一路后退，向南迁移。宛如整个国家都“搬家”了一样，华北人大举向江南、淮河流域或长江流域迁徙。此后，便被称为南宋。

南宋以前江南的文化水平与中原地区相比，即便没有古代那样大的差距，但仍处于落后水平。

而且与中原不同，江南人种植水稻、食用大米。

此外，江南有淮河、长江等大河，而且湖沼众多，因而江南人食用大小淡水鱼类，而对自北方迁徙而来的达官贵族以及他们的家眷来说，适应饮食习惯的变化并不容易。不过，通过烹调加工，他们最终让这些鱼类变得符合自己的口味。自中原南迁而来的人，包括整个国家的高层，以及随行的工匠和商人。江南人见识了他们的烹调方法，也渐渐效法起来。我想，今日的中国美食，或许就是在那个时代，因为这些情形而发展起来的吧。

有很多文献记载，南迁而来的政府，命令江南的农民“不仅要种植水稻，还应种植麦子”。当然，在宋朝还定都于北方的北宋时期，政府就对江南地区下达过旨意，在这里多少种植了一些小麦。

在中原，人们通常不吃大米，而吃面食。面的古字写作“麪”，指小麦粉，也指由其揉制而成的食品，或烤或蒸。另外，面的古俗字写作“麺”。挂面一类，在当时也用“麪”字来表达。

“不吃面就总感觉吃不饱。”

或许正是大小官吏和将军们的这种诉求，迫使原本种植水稻的农民们也开始种植小麦。

当然，靠只种植一季稻的耕作方式，要养活突然增长的庞大人口，完全解决吃饭问题，基本上是不可能的。

“种植麦子”中的麦，也包含大麦。南宋面临着对抗金军这一非常事态，军队中军马饲料的需求暴涨，为此需要种植大麦。此外，小麦除了用于制作某种面食，对于造酒也是必需品。当时，人们不得不任由巨大的统治集团醉生梦死。为了让他们喝得尽兴，需要大量由小麦制成的酒曲。因此必须大规模种植小麦［有关宋代江南地区这种稻麦两熟制的研究，周藤吉之先生著有《宋代经济史研究》（东京大学出版会刊）］。

我们只能通过收集极其零散的出土物和民俗资料，对麦子（小麦、大麦）传入日本做出各种推断。不过在奈良时代麦子就已经存在于日本了。当然，耕作水稻后，在水田中复种小麦的这种两熟制，在奈良时代还不存在。

至于平安时代有没有这种两熟制，则不得而知。在平安时代，虽然宋朝已经南迁，但或许稻麦两熟制的知识尚未传入日本。

但到了镰仓时期，显然有了这种耕作方式。遗存至今的关东御教书（由镰仓幕府颁发的政令）显示，在日本文永元年（1264）就已经有了两熟制中的“复种麦”。

有政令道：“不准对复种田课税”（《镰仓遗文》古文书编第十二卷）。农民们煞费苦心，在收获水稻后种上小麦，以留作自家口粮。如果这时地方官再来课税，对农民来说是难以忍受的。因此才有了禁止课税的政令吧。看到这篇御教书的文章，让人觉得十分有趣。原文是一篇日本式的汉文，大致是这么写的：

> 诸国之百姓，刈取田稻后，莳麦于其迹，号曰田麦。……自今以后，勿取田麦之所当（注：租税）。

明明只需下令“不准以田麦作为课税对象”，可是在这一法令的序言中，幕府却不厌其烦地对田麦进行冗长的说明。如果以田麦这种形式利用土地的做法在以前就已经家喻户晓，那么就不会写下这样的序言了。毫无疑问，因为这是一种新型耕作方式，所以才会出现上文那样的政令条文。

因此，我们不得不想到大海另一边的情况。宋朝南下，在江南的土地上推广田麦，两熟制渐渐普及。这一政令中的日本文永元年，正是南宋因北方的蒙古军队压制（南宋曾经的敌人金国已经在三十年前被蒙古与南宋的联军所灭）而面临重大危机的时候。

总而言之，南宋迫于窘境而向农民强制推行的两熟制，作为一种农业知识传入了日本，并推动了日本稻麦两熟制的形成。还是说，这是出于偶然，由镰仓时期的日本独自开发出来的?

我们已经身在杭州，这座城市曾是南宋的帝都。不过，我们刚离开站前路（清泰路）上熙熙攘攘的人群，经过西湖的湖畔，在前往位于丘陵山腰的西冷宾馆的路上。

南宋实现了国家级的“搬家”，在其定都于杭州的时期内，这座都市经历过爆发式的人口膨胀。

宋朝三百年，中国社会自古以来的本质，也在这一时代发生了微妙的变化。商品经济极大地繁荣，商品和货币的流通席卷全国。这种动向让人们学会了严格甄别东西的质量、合理主义甚至“买卖中诚信第一”。“信”是五常之一，我认为正是由于宋朝商品经济的盛行，它才扎根到涵盖平民百姓的每一个中国人的性格之中。

因此，杭州不仅是首都，还成了商业中心。这座城市本是西湖畔的静谧的地方都市，在南宋迁来后，据说其人口从一百万一举增长到了一百五十万，应该是当时世界第一的大都会了。

南宋将这座此前被称为杭州或钱塘的城市更名为“临安”。

不过，相较于“临安”，南宋的大小官吏使用最频繁的称呼是“行在”。

所谓“行在”，是指天子巡行时歇足暂住之处。“我们只是暂时在这里停留。”对败退的南宋人来说，如果不这么想，就保不住自尊心了吧。宋代，在知识分子之间，流行过一种名为朱子学的唯心论哲学。这种思想，也给日本带来了种种影响，有好有坏，不过这里不便展开。朱子学在室町时代传入日本，当时被称作“宋学”。

有关日语中的“anzai”（行在）一词，马可·波罗在《马可·波罗游记》中，将其注音为“kinsai”。“行”这个字，在当时（现在也是如此）读作“xíng”。似乎是他听错了“xíngzài”一词的发音，误以为是“kinsai”。

> 结束了三天的行程，我们便抵达了“kinsai”（杭州），这是一座无比壮丽的大都会。“kinsai”翻译过来就是“天上都市”的意思（注：苏州和杭州在中国被比作天堂。不过显然“kinsai”一词中并没有马可·波罗所说的意思），这里的确名副其实、壮丽非凡。（爱宕松男译注）



“行”这个字的发音，来自华北的统治阶级读作“xíng”，而越人（浙江人）则读作“háng”。

将天子的暂住之处称为行在或行在所的这一熟语，早在《史记》和《汉书》的时代就已经有了。日本在镰仓时代以前，一直将此读作“kouzai”。

然而，在镰仓时代到室町时代的这段时间，由于日本与杭州一带的频繁往来以及流亡者（其中浙江人很多）的到来，“行”的读音变成“an”。说到原因，“行”在当时也读作“háng”，而今天的行字也仍有这一读音。专家被称作行家（hángjiā），长子被称作行大（hángdà）。

然而，拿提灯来说，也就是今天的行灯（xíngdēng）。因为是能拿着走的灯，本应读行“xíng”的发音。可是，这种在室町时代传入日本的能拿着走的纸糊的灯火被称为“行灯（andon）”。因为这是音译的词语，照搬了当时中国的发音。

在当时日语的外来语中，还有行脚（angya）这种词。将“行”读作 an（han），或许是因为这原是杭州一带的发音。宋朝南渡后，行的发音就分为了南北两种吧。

总之，日本自奈良时代以来，行的发音只有吴音的“gyou”和汉音的“kou”。在镰仓、室町时代，由于和南宋频繁往来，“an”这一发音也传入了日本。

巴士还在行驶，左侧就能望见西湖。

湖畔供人漫步的小路柳树夹道，湖也很美。我一直听说杭州市区到处都是花好水美的公园，果然名不虚传。

抵达下榻的西泠宾馆后，我进入房间打开窗户，窗外就是丘陵环绕的西湖，水色像精心打磨过的锋刃，波光粼粼。

入夜后，我再次打开窗户，一阵香甜的气息随风从幽暗的湖面吹来。不知是湖水的气味，还是什么树的花的香气。我觉得这香气隐约与白兰地有些相似，又深深地嗅了一下。但或许鼻子已经适应了，这次吹来的只是平淡无奇的夜风。

# 11 岳王庙



杭州（当时的临安）被马可·波罗称作“kinsai”。这座城市作为南宋都城的历史持续了一百三十八年。

作为都市，杭州的繁华是前所未有的。不过，对于后世的我们来说，杭州并没有盛唐长安的那种梦幻感。长安的都市文化，因与西方最初的大规模接触和交流而增添了一抹异域风情，还具有一种超乎常理的恢宏气势。

从这方面看，用一句话难以概括南宋一百五十二年的文化。一方面，它理性而思辨。政治家和学者们没日没夜地进行着学派斗争和唇枪舌剑。另一方面，南宋有商业。商品经济在国内完备，最终发展成国际贸易，商业如同爆竹炸裂一般兴盛起来。

宋朝与唐朝的不同，在于宋朝国力衰微。打着“金”这一奇异国号的国家在华北扩张。来自金国的威胁和由此而生的危机感，让南宋知识分子的精神以一种异于前朝的形式产生了变化。在宋代，民族主义首次以强烈的形式出现。

另一方面，宋朝盛行超越民族主义的商品经济。这个时代就像一口高压锅，把民族主义和商品经济炖在了一起。

虽然听起来像是在复述同一件事，但“宋学”这种高度思辨的思维方式产生并发展的同时，在这个时代兴起了一场形而下的运动，即把人的智慧和劳动应用于各种工具和各种物品的新工艺、制造以及贩卖之中。而在唐朝，并没有这种情况。

无须赘述，宋朝虽然还不至于形成资本主义，但身为资本主义萌芽的商品经济已经相当活跃。

这种情况使人们的精神发生了微妙的变化，其中也包括士大夫阶级。虽然还很难说南宋人已经产生了个体意识和个人自由，但南宋人开始反对把人看作沧海中的一粟，而是尝试分辨独立的人。我们发现很多这样的冲动和痕迹。相较于唐朝人，南宋人也更现代。只需看他们的书法便能理解这一点。南宋人的书法不再是王羲之、颜真卿这些“书圣”的临摹品，开始很自然地流露书写者的个性。这一现象与商品经济的盛行有密切关系。

因此，在空泛的议论满天飞的同时，强烈的民族主义也涌现了出来。

前面已经提到，我们下榻的西泠宾馆位于丘陵山腰，从这里能够俯瞰西湖。每个房间都带有阳台，只要站在阳台边，就能饱览山水风景。

黄昏，我们刚刚抵达宾馆，夕阳正要落山，西湖上暮霭沉沉。但到了清晨，我再次走到露台，只见绿意从环绕西湖的丘陵上如雪崩一般倾泻而下，完全是初夏的盛景。

我心想：杭州的市区在哪里呢？于是踮起脚向东方望去，可它似乎被满山的绿意和湖水挡在了另一边，我没能看到那片曾是南宋文化和商业热闹之地的市区。

据说在杭州还是南宋的行在所（临时帝都）时，环绕在城市周围的城墙总长有一百六十千米，是当时当之无愧的世界第一都市。

现在，这座城市生产机床等各种机械，还设有中型炼钢厂。然而从位于城市正中心的西湖畔看不到那样的工业地带。这一定是因为生产和休养这两种城市机能被有计划地分配到了不同区域。

“去散步吗？”同伴向我发出邀请。

我们走出宾馆大厅，门外就是蜿蜒的下坡路。需要走相当长的一段距离才能到大门。大门前总有一个持枪的卫兵在站岗。

大门外还是下坡路，不远处的左侧，沿路立着一段白墙，像日本的——比如姬路城①城墙的一部分。之后，我们多次往来于这段白墙——长屋门②之前的悠长坡道，也擅自闯入过门内。绵延的白墙之内有几户人家，妇人晾晒着洗好的衣物，小孩子则在玩耍。在日本战国时期，盛行长屋门，足轻③的住宅配置其中。我想起了这种构造，但二者的风情有所不同。我认为双方并没有直接的影响和关系。



① 姬路城：是一座日式古城堡，位于日本兵库县姬路市，被称为“日本第一名城”，是世界文化遗产。

② 长屋门：门口两侧带有房屋的大门，房间多供下人或家臣使用，多见于日本江户时期武士宅邸。

③ 足轻：是日本下级武士，平常从事劳役，战时成为步卒。

继续向下走，有一座构造牢固的大门楼，在其镀金的牌匾上，写着“岳王庙”。这是南宋武人岳飞（1103—1142）的庙。岳飞是一介武人，生前当然不是王侯，但由于受到百姓的敬爱，南宋的朝廷终于不能沉默，在岳飞死后三十六年追封他鄂王这一王号，通称岳王。

类似的事情，仅有三国时代蜀国的武人关羽（？—220）一例。关羽生前既非王也非帝，但随着后世的道教中对关羽信仰的兴起，民间开始流行将他奉为神来祭拜。关羽在唐代成为“王”，又在明代万历二十二年（1594）成为“帝”，此后，关羽的庙宇便被称为关帝庙。

岳王并没有成为能与“关帝”相提并论的民间信仰的对象。这里是岳飞的坟墓，据说他的庙宇仅此一所。[①]

如果用日本的形象来比喻岳飞，他就是类似于镰仓末期、建武中兴、室町初期的武人楠木正成[②]一般的存在。

一走进岳飞（王）庙的门楼，我们就看到靠右的墙边有一对铸铁人像，那就是秦桧及其妻子。

这两个人的塑像被置于类似囚笼的铁栅栏之中，双手被反绑在背后，跪在地上，耷拉着脑袋。肉袒（裸露着上半身的肢体）也是一种罪人的姿态，可见在那个时代，被处以示众之刑的人是这副姿态。

---

① 此为作者的认识，并不正确。岳飞的庙宇并非只此一处，其故里河南安阳汤阴即有“宋岳忠武王庙”。另外还有河南开封朱仙镇岳飞庙等多处。

② 楠木正成：镰仓幕府末期到南北朝时期著名武将，在推翻镰仓幕府、中兴皇权中起了重要作用，曾一度被定为“反贼”，后改正，是日本史上著名的悲剧式英雄。

秦桧是南宋的宰相，曾权倾一时，叱咤风云。他在晚年过度谋求家族利益，以权谋私。秦桧得到了善终，并没有落得这对铸铁塑像一般的下场，死得很体面。想必当时人们在抱怨老天不公。

“愿以铁人再生死去的秦桧，处以示众之刑，曝其丑于天下。”

后世民众的思想，通过这种形式表现了出来。秦桧让忠诚的将军岳飞身陷囹圄，之后又杀害了他，可是在岳飞的庙宇中却反了过来。宰相被囚在牢笼，遭受众人羞辱。

我对同伴们说道：“在以前中学东洋史的教科书中，还刊登着这幅秦桧身陷囚笼的照片呢。”可是，我的同伴们却都露出惊讶的神色。连与我年龄相仿的涌井昭治也差了我四岁。我摇了摇头，不知是否因为仅仅差了这么点年纪，他们就没有接触到那本教科书。

现在想来，可以说随着日本战败，厚厚地笼罩在教科书中的宋学（在日本被称为水户学）的意识形态也销声匿迹了。

告示板上写着“禁止吐唾沫”。即便如此，我们还是看到了吐在地上的唾沫，看来对秦桧夫妇做出这种举动的风俗，不管时代多少次变化都长盛不衰。

据说秦桧夫妇的铸铁像在清朝已经铸成，但有很多人用石头砸或用棍棒击打铸铁像，因此它在民国末期遭到严重的损坏。我们现在看到的塑像并不是我在教科书的照片中见到的，虽然它们有着同样的姿态，但这一对是在新中国建立后铸成的。即便进入了社会主义时代，秦桧夫妇仍然被绑着，这也在讲述着新中国这个国家的一个侧面。

秦桧生于南京。他在北宋末年进士及第，迎娶了权贵的孙女，之后作为极具才能的官僚而闻名。

在北宋灭亡的那一年（1127 年），他随徽、钦二帝被俘至金，三年后被放还南宋。据说在他被扣押在金国的时期，受到过金国掌权者挞懒的嘱托。我认为这种想象应该与实际大致相符："我就让你回到宋朝去吧。作为交换，你能实行与金国友好、能带来和平的政策吗？"不过这应该只是挞懒在表面上说的话。实际上，他可能暗地威胁秦桧，让他在暗中为金国做类似间谍的工作。

秦桧回到了在杭州（临安）设立临时首都的南宋。

仅仅数年，秦桧便当上了宰相。

那时，皇帝是宋高宗。他难以忍受金国的军事威胁。如果南宋有具备慧眼卓识的政治家，他应该能做出这样的分析：金国不足为惧。

俗话说南船北马。淮河、长江线以南，地势低而气候潮湿，很难像在华北那样运用骑兵部队。不仅有水田和泥沼等地形让马蹄深陷其中，发达的运河与河川也像网络一样，抵御着金军南下。在这一片地区，军船、补给船这样的船只代替了马匹。金军不仅被限制住了拿手的骑兵作战，也还没有适应对船只的运用。

可是，对金国的恐惧攫住了宋高宗，他没有灵活运用对本国有利的一面进行防卫的构想。他只想与金国讲和。南宋没有能够与金国对话的政治家。因此，在秦桧回到南宋以后，宋高宗重用秦桧，将他提拔为宰相。

当时，挞懒也在金国掌权。挞懒清楚金军的弱点，如果能谋求到有利的条件，他很希望与南宋缔结和约。

密使频繁地往来于挞懒与秦桧之间。最终，宋朝每年向金国朝贡金钱和物品，宋帝对金帝行臣下之礼，两国通过这种方式达成了正式的和平。

然而，没过多久，金国方面发生了政变，挞懒及其一族被尽数诛杀，名为兀术的王族掌权，重新开始对南宋发起军事行动。

然而，宋军已完全不同于北宋时代，变得十分强大。这是因为将军们在各个战线充分活用了前述有利条件，积极地展开攻防。岳飞的部队尤为强劲，每战必胜。

高宗和秦桧都抱有一种源于抽象观念的矛盾想法："宋军获胜就麻烦了。"在秦桧看来，宋军获胜是对金国的失礼，不仅违背了通过行臣下之礼而达成的和平条约，还会无故激怒金国，最终导致南宋自身的灭亡。这是秦桧一贯的对金方针，高宗也信任如此的秦桧。

岳飞是今天的河南省汤阴县人。

他不依靠任何门阀，身为一个农民的儿子，他从普通士兵历练成材，获得重用，三十岁刚出头就被授予各种武职，成为在湖北一带部署的大军的统领。这支部队早已被誉为"岳家军"，在诸军之中出类拔萃。岳飞升迁之快史无前例，因此也招来了老牌将领们的不快。

秦桧与新晋掌权者兀术进行交涉，并提出了新的讲和条件。这种政治层面的方针与以岳家军为首的南宋诸军对金军节节获胜的状况不相适应，为此秦桧将以岳飞为首的众将从连战连捷的前线召回杭州，在赐他们以高位的同时将兵马的实权转移到了中央。

岳飞对此不满。秦桧便以所谓"肃军"的名义逮捕岳飞，并在狱中将岳飞毒杀。岳飞时年三十九岁。

根据《宋史·岳飞传》记载，岳飞的背上刺有“尽忠报国”[①]四个字。“尽忠报国”这一成语早在《北史》中就已出现，但广泛流传还是始于岳飞的这一篇传记。在日本水户学的派系中，幕末时期水户藩的儒者藤田东湖就很喜欢这个成语，并在其著作《弘道馆记述义》中使用过。

在杭州的岳王庙内，有很多建筑、碑文以及匾额。

走到正殿附近，有一面巨大的白墙，墙上写着效仿颜真卿书法的“尽忠报国”四个大字。

“好久没有见到这种字眼了啊。”生于昭和二十年的涌井昭治自言自语道。在日本，明治二十九年的《大日本中学会第一学级》的讲义录中曾出现过这个词，由此看来，这句话在明治早期就已经被纳入日本中学教育之中。

正殿附近，那些引人注目的大幅墨迹基本都出自新中国革命家的手笔——“民族英雄”“壮怀激烈”“日天昭心”“浩气长存”。

这些墨宝无不意气风发，或许新中国喜欢岳飞的程度，超过历史上任何一个时期。

顺带一提，明治维新的功臣西乡隆盛[②]，对新政府追随欧洲的态度心怀不满，在明治六年（1873），从陆军大将的位置下野时，作了下面这首诗。可能他暗地也怀有岳飞的心境。

① 后世演绎为“精忠报国”。

② 西乡隆盛：日本江户末期的萨摩藩武士、军人、政治家，维新三杰之一。

独不适时请，岂听观笑声。
雪羞论战略，忘义唱和平。
秦桧多遗类，武公难再生。
正邪今那定，后世必知清。

西乡眼中的秦桧遗类，或许在指新政府中某个欧美主义者。在西乡看来，这种人就如同投降主义者一样。

诗中的武公，正是指岳飞，因为他谥号“武穆”。总之在这首诗中，西乡将自己和岳飞类比。

岳飞身为武人，却罕见的有学问，书法也十分漂亮，在中国历史上，是最富魅力的武人。真是不可思议的人物！

# 谈茶 12

“中国”是一政治的，或者说文明的总称，这片大陆上的文化多样性远甚于欧洲大陆各国间的文化差异。

中国历史上有所谓“华夷有别”的思想，但需要强调的是，这种思想中不包含种族论的成分。

只要遵循礼法，行为符合义礼，夷就能变成华。

例如在唐代，其军队中就有很多高句丽（现在中国少数民族中的朝鲜族）士兵，也有很多高句丽军官。高仙芝（？—756）就是高丽军官之子，累官安西节度使。他受唐玄宗之命，任大军统帅，向西翻越葱岭（帕米尔高原），远征数个绿洲国家，屡战屡胜。最后他却在著名的怛罗斯战役（751 年）中因阿拉伯军队遭受惨败，溃不成军。战败后他并没有被问罪，反被拜为右羽林大将军，更被封为密云公[1]。然而除宋代以外，中国古代王朝最大的通病，便是青云直上的高官鲜有善终者。高仙芝也因触怒玄宗，最终获刑而死。

尤其在唐玄宗时代，将军中出身非汉族者众多。后来发动叛乱的安禄山是粟特人，据说与安禄山相交甚好的将军史思明（703—761）能说六国语言，也是粟特人。此外，李光弼（708—764）击败了参与叛变的史思明，其先人是契丹酋长之后，受封郑国公[2]。

有一种可信度颇高的说法认为李白（701—762）也是非汉族出身。他与杜甫一样，是唐代极具代表性的诗人。据说李白之父从西域抵达四川省，是从事西域贸易的商人，从这一点看，李白很有可能有波斯血统，或许他的容貌也颇具西域人的特征。

回溯至比唐朝更久远的时代，东晋的陶渊明（365—427），称得上是著名诗人，他却始终未言明自己的家系。近年，有人根据他写下《桃花源记》一事，推测他是高海拔地区的农耕少数民族的后裔，当然这种观点就有些牵强了。

“中国”曾屡次被北方或东北的强大游牧民族或半农半牧民族所征服、统治。

这些王朝中，规模最大的数元（1271—1368）和清（1636—1912）。

中国的版图在汉民族王朝时期较小，在非汉民族王朝时期却反而扩张了。不论其他，成吉思汗的孙子忽必烈开辟的元帝国拥有前

① 据《新唐书·卷一百四十八·列传第六十》，原文为“更拜右羽林军大将军，封密云郡公”。

② 据《新唐书·卷一百四十九·列传第六十一》，原文为“父楷洛，本契丹酋长……封蓟郡公”。

所未有的版图，北至西伯利亚，东起日本海、东海，西抵黑海、地中海地区，南临波斯湾。现在的云南省，在汉武帝时期虽已归顺于中国的支配之下，但其后反复无常，被视作“西南夷”之国。然而到了十四世纪初叶，在蒙古军队的铁蹄下，这里才彻底被纳入中国版图。

清朝发源于中国东北自不必说，满族与汉族有着截然不同的语言、风俗。清朝是满族王朝，尊努尔哈赤为太祖。康熙、雍正、乾隆接连三位皇帝的统治能力和持续的对外武力威慑，在过去的中国历史上是极为罕见的。中国现在领土的疆域正是由清朝确立的。

清朝不时向西伯利亚派兵，抵御急速扩张的俄国侵犯其东北故土。清朝平定了历朝历代都难以统治的蒙古族，将蒙古纳入版图，向西把青海并入领土。此外，清朝更进一步使新疆成为其国土。而清朝后半段的历史则受到了西方势力东渐的影响。

——何谓领土?

这种西方的概念在清朝以前的中国是很模糊的。对大部分古代中国人来说，领土是一种主观的认识，中国皇帝就是天下之王。西方式的领土概念设立了界限，而一旦有这种界限，中国皇帝的天下之王概念就会破灭。换句话说，中国历史上只有“那是我的版图”这种应该称为远东旧俗的划地盘意识。只有一种所谓的“版图外交”，即只要藩国尊中国皇帝为天下之王并向中国朝贡，中国皇帝就会热情地接待使者，并让他带回远高于贡品价值的赏赐。从中国秩序的角度来说，清朝与朝鲜、琉球、安南等国保持着宗主国与藩属国关系。

但按照西方的说法，这些藩国称不上清朝领土。

中国与西方之间互不相同的疆域及领土思想，在清末由于西方的力量占据优势而发生了变化，只剩下单调的西方疆域思想。最终，清朝领土由国际认定，并被固定下来。对清朝来说这是相当大的损失，但即便如此，从宋明等王朝的领土来看，清朝的疆界还是远远辽阔于它们。

清朝的末路和历代王朝一样落魄。以往天命变革，新的君主登基称帝，但清朝灭亡时毕竟已是二十世纪初，“天命”不再。

后继的近代政权，既没有将满人赶回东北老家，也没有按种族论否定满人，而是连同清朝的“遗产”一起继承了其全部疆域。看来中国的特色中最大的本质就在于此。时代推进，进入了新中国，也没有人因为是满族而遭到区别对待。老舍是新中国的代表文人之一，他就是满族。

这与中国是多民族国家的实情毫不矛盾。可以说正因为其基础不是种族论而是文明论，“华”才得以统一。

借此次中国之行，我尤其想就杭州湾沿岸地区的茶做一番研究。我认为室町以后直至今日，日本的茶与杭州湾沿岸地区的茶之间的关系，比与中国任何地方的茶的关系都要深。

我从西湖畔的西泠宾馆出发，准备前往郊外龙井茶的茶田。今天我只有这一项安排。

在远古时代，汉族居住圈内并没有茶树。

一般认为，茶树在中国境内的原产地是云南省。这里我引用平凡社的《世界大百科事典》中“茶”的词条作为常识的基准：原产地是东亚，印度至中国云南省一带的山系可算作原产地之一。

古代，从越南到云南省的山地之中，少数民族采集野生的茶树，用某种方法饮茶。汉族观察到这种习俗，并将其吸收到自己的文化之中。这应该是最为贴切的猜想。

不过可惜的是，并没有能支撑这一猜想的文献。居住在云南至四川一带山区的少数民族（很可能是古代泰语民族）的饮茶风俗，可能是一种原生态，最终传播到低海拔地区并成为汉民族的风俗习惯。

有文献证据表明在遥远的汉代，只有蜀（四川省）的汉民族有饮茶的风俗习惯，但尚未出现“茶”这个字。茶是以自古就有的另一个字——“荼（tú）”来代为表示的。

我查阅诸桥的《大汉和辞典》中“茶”的义项，可似乎该词条下所有的熟语都是唐以后的。尽管无法得知茶在中国的起源，但可以猜想，通过研究“茶”这个字在何时产生，至少能够取得一些旁证。

关于这一点，布目潮沨先生做过出色的考证（《中国的茶书》东洋文库）。

> 茶字本身造于八世纪的唐代（也有说法称是陆羽所造），而在此之前与表示苦菜的“荼（tú）”共用一字，很难区分。此外，关于表示茶的其他异体字如：荈（chuǎn）、茗（míng）、槚（jiǎ）、蔎（shè），也没有确证表明它们从一开始就是只代表茶的文字。

引文中的陆羽（733—804）是唐代的隐士，中国最早的（当然也是世界最早）与茶有关的专著（《茶经》）就是由他写成。

他创造了“茶”这一文字的说法难以令人忽视。

在唐代，民间应该已经开始使用“chá”这一发音，但只有实物（茶）而没有文字。

说不定（我如此猜测）“茶”这一发音原本是云南一带的少数民族的发音。

蜀地的少数民族众多，“华”文化在汉朝传播至此，但彻底渗透却是在三国时代。在这一时代，刘备（161—223）率领关羽等人，拜诸葛孔明为军师，割据于此。刘备、关羽、孔明等人即便不常喝茶，也肯定看到过蜀地之人喝茶。

不过，当时茶在中原是做药用的，价格也十分昂贵。这是由于茶树在华北不生长，商人要不远万里前往云南和四川，向住在山里的少数民族求购茶叶，再消耗非同寻常的气力将其运送回中原。

到了唐代，喝茶的风俗盛行，以至于陆羽能写成《茶经》，这表明茶已变廉价了。中原人在中国其他气候温暖的地区找到了适合茶树生长的土地并开始栽培，茶叶因此变得廉价。制茶工艺也得到了发展。《茶经》中所记载的，已是成熟的制茶工艺。

在日本，尤其在西日本气候温暖的地区，自然生长着茶树。

虽然是题外话，但我在报纸上读到过一篇文章，称在越南战争结束后不久，一位日本文化人类学家进入越南高地，目睹高地民族的朴素喝茶方法。

根据这篇文章记载，高地人折取野生的茶树枝，将新鲜的树枝直接置于火中焙烤，然后将其连枝带叶投入一旁烧开的沸水中饮用。

顺带一提，我曾亲眼见过日本也有这种风俗。

昭和四十五年（1970）左右，我曾在大阪府一座被称为能势银山的山中吃日式寿喜烧。当时，一位叫F的中年人从路边的山坡上折下一段野生的茶树枝，与越南高地人的做法如出一辙。我问F先生从前就是这么做的吗，他答道："在村里我们也喝买来的茶叶，但进山的时候，人们历来都是这么做的。"不过，在那野生的茶树旁边，有一尊小小的石地藏。F先生向地藏供奉了十日元。他说，人们在折取茶树枝的时候都会这么做。我问道："放在这儿的十日元是谁拿走的呢？"他便笑着答道："那我就不知道了。"总之，那仿佛是一幅在赫恩①的出云故事中读到的美妙情景。

茶在奈良时代就从唐朝传到了日本，但正式传入日本还是在镰仓时代由入宋的僧人荣西将种子带回日本之后。

其后，茶在日本找到了适合生长的土地，并风靡起来。但茶田出于某些原因被弃置不管时，茶树就会回归野生，这种茶树被称为"山茶"。因此，日本是否自古就有野生茶，还是上述情形的"山茶"被当成了原始茶，具体情况不得而知，但前者的可能性较低。

上述的能势银山现在是人烟稀少的山区，但据说在丰臣时代有一段短暂时期因发现银矿，山中有成百上千户人家。当然，人们也种植茶树。但最后随着银矿枯竭，这里变得萧条，茶田也被弃置，

① 赫恩：即拉夫卡迪奥·赫恩（1850—1904），爱尔兰裔日本作家、小说家，日本民俗学者。1896年加入日本国籍，更名小泉八云。著有代表作《怪谈》。

那些茶树说不定就变成山茶。不过，日本人饮用焙烤过的山茶，与茶叶原产地之一的越南高地人的做法异曲同工，这可以说是在有文献记载的历史之外，值得惊叹的民俗风情。

# 13 茶田之中

江南这片土地与日本相似，湿气较重，但中国大部分地区都很干燥。

尤其在前往满是草原和沙漠的边塞时，如果不坚持喝茶，会感觉连五脏六腑的细胞都要干涸了。中国的饮茶之风，不是日本的那种娱乐活动。

地处华北的北京也是如此。无论你造访哪一户人家或者机构，主人会首先端上满满一大碗茶，仿佛在说：快滋润滋润皮囊。你一喝，主人就会扶着大暖瓶再倒满一碗，因此如果久坐，常要喝上三大碗。

由于日本气候湿润，有时一天过去，不知不觉就忘记了摄入足够的水分。但如果在中国还这么做，有时会因为水分不足而中暑。

在还没有茶的古代，平民会刮下锅底的锅巴，用热水冲饮。在中国东北若造访农家，大多会喝这种水。因为东北地区不适合栽培茶树。

顺带一提，朝鲜也没有适合栽培茶树的土地。即便如此，在佛教盛行的高丽王朝[1]仍有吃茶之风，但到了推崇纯粹儒家思想彻底奉行排佛毁释的李朝[2]，茶的栽培也几乎绝迹了。在朝鲜农家，餐后需摄取水分时，通常会采用前文中的中国东北式的做法。

对于居住在内蒙古、青海或新疆等气候干燥的边疆地区的非汉民族来说，茶一直被当作维持生命的必需品。

以蒙古族人为例，他们的饭菜是肉食和奶食，几乎不摄入蔬菜，因此有罹患败血症（维生素C缺乏症）的风险。为此，他们大量饮茶。饮用方法与汉民族的做法完全不同。他们会将茶掺入奶中，或将茶倒入锅中与羊肉或奶一起煮沸。

蒙古族人不用叶茶。在内蒙古，如果提起“茶”，那就专指一种被压缩成砖状的固体。汉民族称之为砖茶或团茶。需像处理鲣鱼干[3]一样，用刀将其切碎并与动物性食材一起烹煮。

所有茶都是从汉民族地区传来的，需通过交易获取，但在没有茶的公元前的匈奴时代，人们到底是靠什么防止败血症的呢？我常常思考这个问题，但无论如何也想不明白。

我也不知道他们是在什么时候让茶进入了自己的生活。但是，茶一旦进入饮食生活，就变得难以割舍了。



① 高丽王朝：朝鲜半岛古代政权。曾灭百济、新罗，实现了朝鲜半岛的统一。高丽王朝的佛学思想空前繁荣，形成了“十一宗”。

② 李朝：是朝鲜半岛历史上最后一个统一封建王朝。

③ 鲣鱼干：又称木鱼干，是日本料理中重要的调味品。质地坚硬，使用时需要用刨刀等工具削成薄片。

在内蒙古，直到新中国成立为止，砖茶由于极为贵重而被当作货币的替代品使用。人们去集市用砖茶换购其他物品，据说这样的情况很普遍。

把这个情况倒过来，可以说随着彪悍的牧民把茶当作必需品，他们对汉民族的态度变软弱了。因为牧民只能通过汉民族的途径获取茶叶，一旦这条途径被切断，就失去了一项饮食生活的基本条件。

从十七、十八世纪开始，茶在短短时间内，将中国这个对欧洲来说充满众多谜团的大国变成世界经济中一个特别的存在。

在那之前，茶本身就给欧洲人带去了文化冲击。

在欧洲，最早形成吃茶（饮茶）习惯的是十七世纪的荷兰。这一习惯随着以长崎[①]为窗口的日兰贸易从日本传入了荷兰，但那是日式茶饮，还有配套的仪式，接受的阶层也有限。

其次是英国。

而法国和德国则对茶无动于衷，至于是因为他们已经把红酒或啤酒当作日常饮料，还是因为他们不似荷兰或英国这类通过与亚洲进行贸易而繁荣的海洋国家，毫无疑问这二者都是其中的原因。角山荣先生在他的著作《茶的世界史》（中公新书）中，还举出了一些其他原因，如茶的价格过于昂贵。以下请容我引用这篇文章中的一段话。

> 不过在法国，茶最终没有站稳脚跟，成为一种国民饮料。首要的理由就是茶过于昂贵。比如在 1694 年，巴黎的一个

① 长崎：是日本锁国政策时唯一的对外贸易窗口。

药剂师以中国茶1磅70法郎、日本茶1磅150—200法郎这样的高价贩卖茶叶。不过正如我所说的，这个价格对于中上层阶级的人来说也是相当大的负担，偶尔将茶当作药来服用的话尚可接受，但当作日常饮料普及的话其价格真是高得离谱。

如果茶对十七世纪的法国中上层阶级来说都贵得离谱，那么即便草原是贸易的通道，单纯搬运距离更短，对十七、十八世纪以后草原上的游牧民族来说茶的负担也无疑是非常大的。尽管如此，为什么草原上的人们还是让在古代的匈奴时期与他们毫无关系的茶进入了日常生活呢？进一步说，茶的必要性或魅力的影响，深刻到足以压垮一个民族的生活了吗？

茶叶中含有很多酵素，如果采摘后放置不管，很快就会发酵。

为了不让茶叶发酵，人们将茶叶放入釜中焙炒（或者熏蒸）加热，制成绿茶。即使同为砖茶，蒙古族人等过去丝绸之路上的游牧民族也会选用绿砖茶。据说这是因为未经发酵的绿茶中含有更多的维生素C。

让同一种茶叶发酵，便可制成红茶。红茶和绿茶的区别不是茶树的种类不同，而仅仅是加工方法不同。红茶因其需求量巨大的消费者英国而闻名，但并不是英国人发明的，中国原本就有红茶，现在也有。

俄罗斯人也喝红茶。

不过，历史上的俄罗斯人饮用的是属于红茶的“红砖茶”。如果去调查是什么原因导致俄罗斯人饮用红砖茶，而蒙古族人饮用绿砖茶，那一定十分有趣。

最早饮用俄式红茶的日本人是高田屋嘉兵卫[①]（1769—1827）。

文化九年（1812）八月十四日，他在国后岛南部海面连同所在的整艘船被俄国军舰狄安娜号扣押。狄安娜号的舰长里戈尔德少校招待嘉兵卫进入舰长室，并端出点心和加了砂糖的红茶。

这种红茶，应该是切开的红砖茶。想必是从清朝通过交易得来的。当时，西伯利亚的伊尔库茨克商人会从国境附近的汉族商人或住在伊尔库茨克的华侨那里购入大量红砖茶（很久以后，俄国在其境内找到了适合的土地并开始种植茶树）。

英国在十八世纪形成了吃茶的习惯。而所有的茶都是舶来品。这些舶来品，也进口自中国。

广东（广州）港可称为清朝的长崎，清朝从这里向英国出口了大量茶叶，并收取大量白银。在整个英国都沉醉于红茶的状况下，白银如同洪水一般涌入中国，可谓世界史上的一项奇观。清王朝奉行锁国的政策，对于北京的皇帝来说，向英国售卖茶和绢，不过是一种恩惠。英国为了回收不断流失的白银，向中国推销毛织物，这是工业革命的成果之一。但北京的皇帝却以“中国应有尽有”为由没有接受。

最后，英国（实务由东印度公司操办）在十八世纪，向中国贩卖鸦片，企图通过使大批中国人对此成瘾，提高鸦片的需求量，改

① 高田屋嘉兵卫：日本江户时代后期船业经营者和海产商人。1812 年，日本幕府扣押俄国军舰狄安娜号的舰长。作为报复，俄国人扣押了日本船只观世丸号及高田屋嘉兵卫，并于次年放其归国。

变因茶而导致的单方面白银外流。单就这一行为来说，英国人成功了。1831 年以后，白银开始从中国向英国逆流。这一事件导致鸦片战争（1840—1842）爆发，其结果是，中国被迫屈辱地打开了国门。

英国是如此地渴求茶叶，但大约在这场鸦片战争爆发的二十年前，随着英国人在印度阿萨姆的腹地发现了野生茶，情况发生了改变。最终，英国人利用印度的廉价劳动力，让茶的价格维持在了一个适当的水平，得以痛饮红茶。但无论如何，中国茶本应心平气和地饮用，可直到十九世纪，这种饮料却如同二十世纪后叶的中东石油一般，对世界造成连续的冲击。随着时代变迁，人们甚至已经难以想象这段历史。

中巴沿着西湖的西岸南下，驶上了通往矮丘起伏的西郊的路，正开向绿茶中公认的顶级佳品的产地龙井。

我查阅了 1931 年上海商务印书馆发行的《中国古今地名大辞典》中“龙井”的词条，但只写着“产茶最佳”，并没有标注这里从何时开始成为茶叶的产地，也找不到其他与之相关的文献。

不过杭州附近自古以来就有很多大型寺院，茶的需求旺盛，因此可以想象茶的栽培和制茶的研究当然也会兴盛。

此外，从宋朝南迁并将临安（杭州）设为临时帝都的时候起，对优质茶叶的需求大幅增加，这应该也刺激了生产和研究。龙井茶或许就是在这一背景下产生的。

道路渐渐扬成缓坡，接着仿佛钻进了一处世外桃源，只有那里是平坦的原野。

一片茶田映入眼帘。

我们下了巴士，走上田间的小路，等到走腻了，一回头，发现一座木质瓦顶的民宅，宛如西日本的中农家[①]。

这座民宅背后的山，形似大和地区的耳成山，像极了小孩子用蜡笔描画的山。而让人进一步联想到西日本的，是满山的赤松。

“这景色和日本真像啊。”画家须田比画着说道，他的手势仿佛正抚摸着眼前这山的山脊线。即便说我们现在身处静冈县境内也不足为奇，也可以说我们正站在京都南郊的宇治，又或者是伊予松山的深处。

“那座民宅是什么时代的呢？”我们向一位中方人员问道。

这位答道：“应该是太平天国时代的吧。”

那是在清朝末期，鸦片战争结束数年后爆发的。用日本的方式来说就是“应该是幕末骚动时期的建筑物吧”。

说起茶，在幕末的长崎有一位被称作“大浦的阿庆”的女中豪杰，她曾从事嬉野[②]茶的国际贸易。这位女中豪杰非同小可，据说她躲藏在茶箱中通过英国船偷渡出国，并抵达上海。也有传说称她是坂本龙马的海援队[③]的经济资助者之一，对队员陆奥宗光十分关爱。我望着茶田中的民宅，从太平天国，天马行空地想到了这些。

---

① 中农家：日本经营中等规模农业的农家。

② 嬉野：日本佐贺县西南部城市，据说该地从室町时代就开始生产茶叶。

③ 海援队：是江户时代后期由以坂本龙马为中心的土佐藩浪人所结成的贸易组织。接受萨摩藩等藩的资金援助，自设海军并从事国际贸易。

# 14 急须壶



我漫步在龙井的茶田之中，思考着在日本家庭中沏茶用的“急须”。

刚才我在中巴里，就向中国的各位问起：“各位知道一种叫‘急须’的沏茶工具吗？”并在笔记本上写下文字给他们看。

“不知道。”所有人都摇了摇头。

我心想：“不可能没有吧。”

虽然只是我单方面的想象，但我认为在室町时代或丰臣时代还没有急须壶，进入了江户时代，急须壶才经由长崎从中国传入日本。

从急须（使用）字面来考虑，这个名称应该是指进入长崎港的浙江船或福建船的水手，在船上生活时所用的简易沏茶器具。

长崎人见到了这种器具，开始在家庭中使用，最终将它传播到了全日本。

“现在也是这样吗？”有人反问道。

“现在也是。几乎没有不配备急须的日本家庭。”

有人问我：“它是什么形状呢？”于是我又在笔记本上画了幅拙劣的图给他们看。

人们看到我的绘画，异口同声地说：“‘茶壶’，这个的话中国也有。”

当然，中国也有茶壶。我对“茶壶”这个词还是有印象的，也见过实物。茶壶在日本写作“土瓶”，为便于提拎，带着藤编的把手，但急须壶却不带这样的把手。

不过，我的画也不够形象。

急须壶造型多样，而且这些多样的造型，几乎都是江户时代以来，由日本创造的。

例如带有握把的急须壶，我认为这可能与江户时代盛行的煎茶道[①]有关，煎茶道是日本的工艺。在日本，煎茶道十分注重礼法，需手持握把，再用单指按压壶盖，将玉露[②]等煎茶注入茶碗。

在我的记忆中，中国形似急须壶的“茶壶”并没有那种握把，而是带有一个类似于咖啡杯的耳状把手。我又试着画了那种图，但所有人都说“这就是茶壶嘛”。

不过，虽然只是从文献得来的知识，但据说在明代，江苏省的宜兴窑[③]出产过大量有着急须壶造型的茶具。这种有着急须壶造型的

① 煎茶道：是茶道的一种，《茶经》中曾有详细记载，但在中国失传。据说日本的煎茶道是由江户时代初期黄檗宗的创始人隐元隆琦所开创的，以使用茶叶和急须壶为特征。

② 玉露：是日本最高级的煎茶，有浓厚的风味和独特的香气，其中宇治茶和静冈茶最为出名。

③ 宜兴窑：在今江苏宜兴丁蜀镇，明代以紫砂器闻名于世。

茶具是褐色且无釉的陶瓷质的（类似于日本佐渡的相川烧或者伊势的万古烧），在古董界广为人知。不过，我没有古董方面的爱好，因此没法谈明清宜兴窑的这种紫砂茶具。

在这种情况下，我便想考察语言本身。首先，这种外形的茶具据说是由明清的宜兴窑烧制的，但在当时的中国是否称之为“急须”，现在已无从考证。

总归，仅从在中巴内的讨论来看，在现代汉语中，似乎并没有急须这一古怪的词语。

这里，在日语中也有一个问题。

急须在日语中读作“kyu-su”，就算不是讹音，通常也认为这可能是明治时代以后的说法。

在我小时候，京都、大阪一带将其读作“kibisho”。我听到过在广岛一带，尾音会被拖长，读作“kibishou”。

小时候我听到大人们说“kibisho”的时候，总以为是讹音。在写这篇文章时，为慎重起见，我特意请教了几位五十岁上下的妇人。她们说，上了年纪的人确实会读作“kibisho”。听到这儿，我开心了不少，但东京出生的人则没有这种记忆，始终读作“kyu-su”。这或许是因为从江户时代开始，在东京就已经将该词读作“kyu-su”了吧。

虽然是题外话，但明治以后，小学教育得到普及，地名等的读法有时被纠正成了奇怪的标准音。例如在明治以前，大阪不读作“ousaka”而是“o（wo）saka”，这样的例子不胜枚举。现在，“大分”这一地名同样带有“大”字，其他府县的人将其读作“oudai”，而大分县当地人却读作“outa”。

急须的发音也因为学校教育，变成了“kyu-su”。当然，在今天的京都和大阪，通常也读作“kyu-su”，如果读作“kibisho”之类，想必不是没人听得懂，就是会被笑话老掉牙了吧。

虽然没有证据，但我从以前就猜想：“kibisho”该不会是明清时期中国的方言吧。

中国的普通话（北京话）当然不这么说。读作“jíxū”。

在我们的中巴之中，也有杭州人。浙江省的杭州、宁波的方言大致相同。前文提到过，在室町时代到江户时代，浙江省在日本和中国之间的频繁往来中，是被作为重要据点的。很多乘舢板而来的水手也是浙江人。

“在杭州、宁波的方言中，急须怎么读呢？”我如此问道，这位杭州人便为我读了出来，听上去像“chu-shoi”，与“kibisho”相差甚远。

“那福建呢？”我这么问，是因为正如我之前所说的，江户时代，来到长崎港的中国船只中有很多福建船，商人和船老大中有很多福建人。

“张和平？”我向多年的友人求助。

他是福建雷峰人。不过雷峰本是个偏远到连地图上都未标注的村落，那里的方言到了邻村就不通了。

“当时差点死了。”张和平曾经向我说过一段经历。他在小学的时候，去山对面的村庄办事，不巧天黑了。他在村里挨家挨户地敲门，希望能借宿一晚，或分些吃的，可是他说的话对方却完全听不懂。

“写下来不就好了？”

中国也是笔谈的国度。自古以来，中文这种共通的书面语能异常发达，其中一个原因，就是口语方言复杂多样。

“没用。”张和平一边用力地左右摇头，一边挥了挥手。

“当时就算写字，村里人也看不懂。”

所幸，当时有干部驻扎在村子外很远的地方。村里的人把这个语言不通的同省少年带到了那里，通过与干部笔谈，他们终于理解了“我肚子饿了”这句话。

“嗯？急须的福建发音吗……”

张和平没有立刻回答，他用右手扶着额头，陷入了沉思。

张和平身上有一种老庄的气质。他本人与功利主义完全沾不上边，但国家将这位秀才从雷峰这个偏僻乡村拉了出来，安排他进入对周边来说算得上大城市的德化的中学。据说在他刚到这座以窑业闻名的城市时，感觉像进了大都会一般。国家又进一步把他送入了北京大学，要去北京，就必须先乘船。为此，他又去了泉州港。泉州自唐代起就作为阿拉伯人的贸易基地而闻名。在元代，马可·波罗称其是世界第一繁华的港口，但之后它就逐渐衰落了。少年张和平来到泉州，第一次见到了海。

他本人的志愿是想在北京大学攻读中国文学，但是当时国家急需的是外语人才，他便学习了日语。

在北京，除了学习日语，他还必须学习北京话。因此，汉字的各种读法，同时输进了这个雷峰少年的脑海中。

即便是相同的汉字，雷峰和德化的发音也不同。更不要说还有北京发音以及日语发音。

听到“急须”，他便从藏在脑海深处最古老的记忆中寻找“标准福建发音”的读法，终于发声道：“kip-su。”

这时，我感觉“kibisho”这句不可思议的上方①方言，仿佛一下回到了故乡的村庄。“kip”中的“p”无疑是不发声的辅音，而在日语中，辅音之后必须搭配元音，因此该音节通过变成“kipi”被固定了下来。

前田勇先生是大分县中津人，但他从很久以前就在大阪的大学教书，因而熟悉大阪方言，并最终成为其研究者，著成《近世上方语辞典》《上方语源辞典》等优秀书籍。我查阅了后者中“kibisho”的词条，书中称正确的汉字应写作“急烧”，其次才是“急须”。

> 中国福建方言中“kihishao”的讹音。宝历②年间开始被使用，当时发长音，读作“kibisho-”。“kyu-su”这一发音是错误的。

将急须写作“急烧”，很像前田勇先生的周密作风。但就算“须”是“烧”，急（kipi）已经意味着这是福建方言，并没有改变“kibisho福建发音说”。

江户中期有一位只在当地有影响的儒者叫伊藤龙洲（1683—1755）。他生于播州，本名清田道基，拜在京都伊藤坦庵门下学习

① 上方：指日本以京都、大阪为中心的近畿地区，因明治维新以前日本首都在京都而得名。

② 宝历：指1751—1764年是日本桃园天皇的年号。

并成为其养子。之后成为越前福井藩[①]的儒者，著述颇多。

据说他用汉文写成的随笔集《三余清（一书说写作“赘”）事》共有三十卷，成书于宽延二年（1749）。但由于是手抄本，凭我的力量自然无法一窥其内容。为此，我间接引用有关“急须”的内容：

> 吴人呼暖酒器为急须。急须者，应其急用也。

无须多言，这里的“吴人”，并非古代吴越的吴。江户时代，来自浙江港口的船老大、水手和乘客，都被日本的儒者风趣地称为吴人。当然，福建船上的福建人，也囫囵地被称作吴人。

总之，在江户中期的儒者伊藤龙洲的著作中，所谓急须，似乎是人们突然想温酒时所用的器具，原本并不是沏茶的器具。

我不想放过有关“急须”的任何细节。

我查阅了诸桥辙次的《大汉和辞典》中“急烧”的词条，发现早在唐代末期就已经有了例句。晚唐诗人李商隐（813—858）被誉为杜甫的继承者，在他的诗中，急烧是作为温酒器具出现的。

如此说来，急须和急烧原本都是中国温酒的器具，那是不是传到日本以后才变成沏茶器具的呢？

或许日本人看到乘船来到长崎的唐人（清朝人）用十分简便的道具温酒，便想道：试试用这个沏茶喝吧。

顺带一提，在福建有一种生长在樟树上的大型蚕虫，会吐丝作茧。这是一种野生蚕，也被称为天蚕。在中国，人们从这种蚕的丝腺抽



① 越前福井藩：又名越前藩，日本江户时代藩属地，位于日本中西部，相当于今天的福井县。

丝并制成尼龙丝一样的半透明细绳。在江户时代，这种细绳被用于包装向日本出口的生药。

我曾经写过以下的内容。在江户中期，大阪道修町的生药批发商想到用这种包装绳来钓鱼。据说这种鱼线在渔村普及以后，濑户内海一带一竿钓的渔获量立刻获得了飞跃性的提高。不过日语中“tegusu”一词，应该源自天蚕子（或天蚕丝）的福建发音。当然，当时中国并没有在渔业中利用“tegusu”这种便于拟饵钓鱼的丝线，西方应该也没有。文化在不断传入日本时，会发生不可思议的变化。这与急须壶一样，或许是绝佳的例子。

# 15 茶里的中国和日本

茶田是一道美丽的风景线。

尤其是日本的茶田风光，如同大地本身已成为工艺品一般美妙。

龙井的茶田也很美。与日本的茶田一样，一道道隆起的田垄上，精心栽种着一株株茶树。田垄井然排列，茶树像天鹅绒一般蓬松，团作大小均等的绿球。不过就整齐和均等这一点，至少从外观来说，日本的茶田在工艺性方面更高。反过来也可以说，日本连农业都具有工艺性。

到了云南省等内陆腹地，中国茶田的栽培方式就稍显粗放，田地的造型不加规整，茶树的修剪也显得漫不经心，但龙井毕竟不同。即便如此，与日本的茶田相比，这里总带有一种特有的豪放感，有些不修边幅。想必是出于这样一种悠哉的心态：能种茶就行。

不得不说，一个民族的工艺意识在无意中发挥着作用，才出现了这种现象。

虽然是个唐突的比方，但如果在日式隔扇上印上牡丹或唐狮子的花纹，就会破坏气氛。

汉语中应该也有“碍眼”这个词。

而日式隔扇横竖的框架也必须贯彻不碍眼的简约风格。

不仅是花纹，连框架弯曲或是变形了，也会碍眼，是无法容忍的。框架通过简约而严格的整齐排布融入环境，室外柔和的光照由此透过纸隔扇充盈室内，可以说赏心悦目。

而构建中国历史的则完全是另一种审美意识。有时中国人会喜欢充满怪异奇特的繁杂工艺，通过定制此类建筑、室内装饰、日用品或雕刻，来炫耀自己的财富。

当然，在漫长的历史之中，也有不少例外，但大体上中国的审美情趣偏爱曲线，而不喜直线。具有烦琐工艺的工艺品在中国受到人们热爱，而在平面上留白的几何学式简约风格却遭到冷遇。

既然日本人的审美意识对简约有所偏爱，自然会追求几何学的严谨感。这种追求，不限于木工的领域，甚至连农业也一样。静冈、宇治、山城南部、嬉野等地广袤茶田的严格的几何美，与其说是农业的要求，不如说是一种对先于农业的质朴存在的追求。

我想，在龙井的茶田，在田垄上一行行栽种茶树的做法，或许是不久前刚从日本引入的。从前几年开始，宇治的茶业合作社就在不断接受来自中国的种植技术员和制茶技术员的留学请求。

不过正如我反复说到的，站在龙井的茶田之中，与站在宇治或静冈的茶田里感觉不同，那里如同打扫干净的客厅一般。这里的田垄平行却不规则，茶树的高矮也略有参差。这大概如中国的一句古语所言——“大行不顾细谨”[①]，关键的是能收获优质的茶叶。现在，龙井茶凭其中国一流的品质而自豪。

最初从唐代的中国传入日本（奈良时代至平安时代初期）的茶，应该是被压成砖状的砖茶、团茶一类。不过，完全没有留下任何有关饮茶情景的史料，不知当时的日本饮用了多少这种茶。但恐怕在奈良等地有权势的寺院和宫廷中，也只不过是被当作药来少量饮用的吧。

在镰仓时代至室町时代以后，茶才真正扎根于日本，从此茶树的栽培、制茶和饮茶之风传向了四面八方。日本兴起了以抹茶为中心的独特茶饮。所谓抹茶，是将茶叶熏蒸以后，不经揉捻直接干燥，再用茶碾磨成粉末。中国原本也有抹茶，现在却失传了。

这里我本应介绍一下茶树的栽培、制茶或者茶的种类等内容，但我是个外行，恕我略过。

最近出版了很多种有关茶的书籍，书店的货架上都有。古典作品中，平凡社的东洋文库的《中国的茶书》以及《日本的茶书》都十分出色，二者均可轻松入手。

此外，市面上也有多种有关茶树的栽培、制茶以及饮用方法的比较文化史方向的优秀书籍。比如松下智先生的《日本茶的传来》、守屋毅先生的《茶的历程》、陈东达先生的《茶之口福》。还有角山荣先生的《茶的世界史》，该书捕捉到了茶作为一种商品的发展历程。这些书都可以用来启蒙。



① 出自司马迁《史记》“大行不顾细谨，大礼不辞小让”。

亚洲人自古以来就有让食物发酵再食用的文化。

云南省称得上是茶的原产地，据说那里的一部分少数民族直到现在还会将野生的茶切碎，使其发酵再食用，而不是饮用。前文中提到的民族学者守屋毅先生的书，正是根据这些实地考察的见闻所写成的。

食用茶叶似乎是泰语民族的习俗。在云南省的傣族聚居地西双版纳，以及泰国北部的乡村，人们都会食用茶叶。据说在缅甸也是如此。

以下是我个人的想法，并没有什么根据。在古代，在茶被汉民族发现以前，在少数民族之中，应该有不少人食用这种发酵茶吧。换句话说，茶在被汉民族发现以前很可能就是用来食用的。

如果采摘后放置不管，茶叶很快就会发酵。

摘下的茶叶在凋萎的同时发酵，由绿色变为茶色。之前已经说过，红茶就属于这种发酵茶。中国的乌龙茶也可以算作这一类。

在中国，相较于发酵茶，通过抑制茶叶发酵而制成的茶更多。而日本则几乎全是不发酵的茶。

想要抑制茶叶发酵，最朴素的方式就是将茶直接投入火中焙烤。但这种茶成不了商品。

要抑制茶叶发酵，煮、炒、蒸皆可。

以宇治茶为代表的日本的制茶工艺，就属于熏蒸法一类。而且这种方法非常方便，只需在短时间内将猛烈的蒸汽喷射向茶叶。

今天，在宇治，制茶流程已经全部机械化。在锅炉中熏蒸过的茶叶顺着传送带被送入干燥机，经过数级台阶，最终由分选机按照茶叶的成色分类。不过制茶原理本身，自江户时期发展成熟以来，并没有发生过变化。

直到江户时代的某一时期为止，无论是成品茶叶，还是待饮的茶汤，都呈现出名副其实的茶色。

“难道就不能制成一种留住茶田中炫目的绿色而不是茶色的茶叶吗？”

有人潜心研究这一主题。既然抹茶已经能保持青翠的绿色，那煎茶也一定能做到。这一想法出自江户中期的宇治制茶者永谷宗元（1681—1778）。可以说这种执着于成品茶和煎茶成色的想法本身就具有工艺性。



永谷宗元，本名义弘，通称宗七郎，世代是宇治的制茶家。

此前的日本绿茶，为了区别于抹茶（碾茶），在从业者之间被称为黑茶。制作黑茶，需采摘茶芽叶，在锅中炒制，之后用手揉捻并晒干。因此成品发黑，饮用时茶的颜色也偏黑。

宗元不用炒制法，而改用了熏蒸之后用手反复揉捻再干燥的方法。由此不仅保留茶叶的青绿，泡开后，茶汤也呈现出流金一般的颜色。他将这种茶命名为青制，并在元文三年（1738）前往江户，将成品交给日本桥的茶叶批发商山本嘉兵卫[①]看，嘉兵卫十分高兴，答应贩卖此茶。据说永谷宗元的这种青制法只用了不到十年就在全日本的制茶者间普及了。今天的日本绿茶，基本都是这种茶。

此外，被称作“煎茶”和玉露的也都是这种茶，制作方法和原

---

① 山本嘉兵卫：日本制茶企业山本山历代家主的名号，文中推广青制茶的是第四代嘉兵卫。

理是一样的。

可以说黑茶消失、煎茶出现之时，日本的茶便脱离了原产地中国。

不过通过青制法生产的日本煎茶营养丰富，先不论其滋味，在营养价值的均衡方面，就难以搭配中餐或西餐饮用。

日本的料亭[①]料理和家庭料理原本都缺乏营养。一般认为，营养丰富的日本茶能够弥补这种短板。由这一点，可以说日本煎茶一路走来，与日本的饮食生活、审美意识等是密不可分的。

我从中国回到日本以后，养成了一个习惯，如果报纸上刊登了与茶相关的报道，我便会将其做成剪报。我在昭和五十六年（1981）九月十二日《产经》报纸（大阪）的女性版中读到一篇文章，松下智先生以《中国茶与日本茶》为题，写到了从生活中看到的对应方式。

> 日本茶对缺乏营养价值的日本料理起到了辅助作用。出于这一点，日本茶发展成为世界上独一无二的饮料。

他接着说道：

> 但现在多种多样的高热量食物已经随处可见，人们无须再考虑来自茶的营养，而只需要其调节作用。可以认为，这正是人们不再用日本茶佐餐的原因之一。

现在，对分解脂肪多少有些作用的中国发酵茶（乌龙茶）在餐桌上流行起来，而日本茶仿佛正处于一个历史性的阶段。

---

① 料亭：是一种供应日式料理的高级饭馆。

松下先生如此说道：

> 但即便是这种中国茶，也不能做“茶泡饭”。这还是交给日本茶为好。

说得夸张点，我觉得这篇文章像是在暗示日本生活史上的一个分水岭，不容小视。

长篇大论了一番。总之，我们该穿过这片龙井的茶田，前去制茶工厂了。

# 16 年轻的女村主任

越过茶田，有一栋与日本的公民馆[①]相似的建筑。那里是这个村子（生产单位）的办事处。

管理附近一带茶园和指导制茶的负责人应该就在这栋建筑里工作。

顺带一提，这一带通常被称作龙井，不过具体的地名似乎是双峰。我们眼前这片生长着赤松林的丘陵就叫双峰。这里的地名似乎就取自这片丘陵。

从大地名来说，这一带属于“西湖”。因此，村子正式的称呼是“西湖人民公社双峰大队”。按照日本的习惯，这里应该被称作西湖郡双峰町。

在大队内部，这片区域又被划分为更小的单位，也就是小队。

---

①公民馆：是日本市町村为本地居民设立的、进行教育和文化各种事业的社会教育设施，类似于文化宫。

按照日本的习惯，可以称这里为村或者字[①]。

在办事处门口迎接我们的是一位二十岁出头的年轻女子。她很年轻，即便将头发束在脑后，系上粉色的发带也很合适。

这个人就是生产小队的小队长。按照日本的标准来说，小队长不仅是村主任，还兼任农协负责人、农业工作指导员以及制茶部长，是个重要的职位。

她姓单，还有一个看着就让人觉得可爱的名字——美娟。

只要“单”用于人的姓氏或地名，其读音在日本的汉文训读中就不读作“tan”而读作“zen”（sen）。孔子的某位弟子曾做过鲁国“单父（shànfǔ）”的邑宰，“单父”在日语中就读作“zenpo”。

顺带一提，这一点在现代汉语的读音中也一样。日本读音中的“tan”在汉语中对应“dān”，而做地名和人名用时在汉语中则对应“shàn”。因此，单美娟队长的姓应该念“shàn”。

我准备了几个有关龙井茶的问题想请教。应邀入座之后，我马上提出了问题，这位单姓的年轻女村主任也立刻条理清晰地一一作答。从职责上来说这是理所应当的，但是还是令我吃了一惊。

“单队长，”我终于在提问的中间插问道，“您是如何被选为队长的呢？”

我问她这是不是上级的命令。

“不是。”她否定道，小脸一动也不动。这位单队长脸上稚气未脱，从刚才开始交谈，她那腼腆而又有些难为情的表情就没有变过。

---

① 字：日本町或村下设的行政区划，分为“大字”和“小字”，一般将“小字”简称为“字”。

我问她是不是在哪儿接受过有关制茶或者行政的专业教育，她简洁地回答道：“我出生在这个村子。”并第一次展露出微笑。她接着说，自己在这里长大，书也只念到中学毕业。

“那茶的知识呢？”

“是一些老农教我的。”

不知为什么，这个小个子的年轻女性有一种气质，让我产生了一种想法——此人非同一般。

我问起她的小队规模。她说双峰生产大队内部有十个小队，她的小队就是其中之一。虽然我忘了问人口，但感觉有六七百人。

“我是通过选举当上队长的。”单姑娘说道。

“单队长还参加过竞选吗？”

被我这么一问，她有些意外，微笑着说道：“我们不是竞选制。”

据说村里的人们会写下自己认为合适的人的名字并投票。不过，年满十八岁的人才有选举权，在这个村（小队）里，大约有五百人有选举权。正好在一年前，她几乎以全票当选。由此可以想见她的人品和技术。

“村里的老人竟然会认可像你这样的年轻女性啊？”我如此问道。但对她来说这是个难以回答的问题。她蹙起眉头，以一种客气的沉默作为回应。

数年前，我在中国旅行时，在汽车里被年轻的男性翻译如此问道：“日本不是男尊女卑吗？”这令我无言以对。日本的情况，就算不能简单地说成男尊女卑，女性在职场的活动范围也是受限的，尤其在人事管理、生产管理等方面，我几乎不知道由女性担任负责人的例子。

这个生产小队负责茶田和制茶厂，劳动时间是上午六点半至下午五点半，其间有一个小时午休，也就是所谓的十小时工作制。

“到了下午五点半，大家就都回家了吧？”

“没错。”

“你也是这样吗？”

“我通常工作到晚上九点左右。”她说道。以她的情况，现场指导的工作在五点半结束以后，当然还有队长必须处理的事务在等着。还要与其他小队联络，或者向上级大队报告。她不仅要参加会议、主持事务，在研究和调查上也无疑花费了很多时间。

这样一来，劳动时间就变成了十三个半小时。在这种强度下，如果没有相当强健的体魄，是无法胜任队长一职的。

“队长的任期是几年呢？”

“两年。”

不过，连任不受限制。一旦连任，如果不是非常喜欢这份工作且十分健康——更何况已婚的妇女还要育儿——应该很少有人能在这种长时间劳动的岗位上坚持几任吧。

但这么想的话，按照日本社会的感觉，其他人可能多少会有些异议。在日本，农村的干部或公司的骨干中按照这种程度的时间工作的人要多少有多少。

不过与旧中国社会相比，这难道不是一种破天荒的现象吗？可以说在曾经的中国，没有像这位年轻的女村主任一样辛勤工作的基层干部。

我们面前的茶杯中斟了龙井茶。

我喝了一口，果然别有一番风味，与普遍清淡的中国茶相比，更接近日本的玉露茶（不过制作工艺不同）。

据说在清朝乾隆年间，龙井茶特供宫廷御用。

即便在今天，与其他茶相比，也价格不菲。

“因为产量少。”单队长说道。据说每人每天只能采到一千克好茶。茶芽的品质还随季节而变化。

所谓“好茶”，与日本的宇治和静冈相同，指在四月采摘的茶，但龙井尤其讲究这一季节。茶树熬过冬季，长出第一茬春芽。这第一茬芽叶当然凝聚了茶树的精华。第一茬茶是在芽叶刚分为两瓣时采摘的茶，因此一定要在每年四月五日前后采摘。

“一般清明到谷雨采摘的茶叶最好。”单队长用中国传统的节气用语讲解道。

即便采摘了二千克第一茬茶的芽叶，成品也只有五百克。在这一点上，日本的煎茶工艺也是如此，茶实在是一种奢侈的东西。

我们面前摆放着中国式的高茶杯。我清楚杯中满斟着的是龙井茶，但我还是一边品味，一边猜测这是第几茬茶。在采摘了第一茬茶以后，茶树还会长出芽叶。这是第二茬茶。同样也有第三茬茶，但不像第一茬茶一样只用新叶,其中还混杂了一些成熟的茶叶。因此，价格也便宜一些。

“这茶是什么时候摘的？”

“四月。”

单队长这么一说，我不禁惶恐起来。这可是十八世纪地球上最奢华的皇帝乾隆帝的御茶啊！

“这茶有多贵呢？”我问道。据说这种茶在公社的卖价是五十克三十元。而三十元是中国高中毕业生的起薪[①]，且一斤（五百克）茶只够泡一百五十杯。如果把这个数目换作日本高中毕业生的起薪来考虑，就能大致想象其昂贵程度。

“一斤茶的价格，相当于实习生一个月的工资。”

我们来到办事处旁边的制茶工厂。

我之前说过，茶叶（芽）如果放置不管就会迅速发酵。在中国的术语中，通过抑制茶叶发酵而保留叶（芽）的青色及成分的方法，称为“杀青”。日本的煎茶通过熏蒸杀青，龙井茶则是釜炒。

单队长说：“我们从前就这么做。没有日本那种蒸茶的做法。”

在中国，所有的绿茶都通过釜炒杀青。当然在日本，九州的嬉野茶及青柳茶[②]也通过釜炒的方式杀青，其原理与龙井茶无异。

在工厂的二楼，炒釜像蹲踞着的军人一般排成两列。炒釜的构造，是在质地坚硬的木桶里嵌入碗状的铁锅。打开电源开关，碗状的铁锅就会升温，并最终升至60—80℃。一个工作人员负责一口锅，他们向锅中放入适量的茶芽（已经在负责加工的一楼通过高温加热而脱水），用手掌像抚摸肌肤一样精心拨弄铁锅，渐渐将茶叶杀青。这项操作看似平淡无奇但需要高度的熟练度，而且似乎只有这一道工序没有机械化。工作人员在60—80℃的高温之中，时而像揉，时而像搓，时而像抚摸，最终制成了被称为百茶之王的龙井茶。

① 作者写作此书是在20世纪80年代。此数据仅表示当时的情况。

② 青柳茶：是将夏茶炒后制成的日本绿茶的统称。

“以前用的是柴火。”单队长说道，“用柴火的时代调节温度是个难题，1965 年以后就改用电力了。”

我们回到茶田，几位与单队长年纪相仿的年轻女子为我们采了些茶叶。我问单队长，有没有采茶曲，她说从来就没有那种曲子。

茶树原本是不能移植的。通常需从种子开始培育，但现在人们采用省事的扦插法，并且每年都会插枝。这种方法与日本农家所说的“芽插”相同。我问起肥料，她说：“是农家肥。”也就是日本所说的“下肥”。一般认为，日本从战国时代开始，出现了把腐熟后的人粪当成作物的肥料来使用的方法。似乎没有观点称日本的堆肥法是由某人首创，并独自发展起来的，不过中国的堆肥法是在何时产生的呢？

为慎重起见，我请教了一下站在茶田里的单队长，但似乎这已不属于她的专业领域，她歪了歪头，说道：“不知道。”

# 17 海宁县盐官镇



杭州湾像从大海打来的楔子，嵌出了一个尖锐的三角形。

钱塘江自西流入湾顶，带来泥沙，自太古以来，海湾就在不断变浅。

杭州城在太古时代或许还是一片海洋，但现在这里已经成为内陆。因此，在这儿看不见海。

“我们去看海吧。”我们一行中有一位先生像少年一般不停地说道，他说话时露出了焦急的神情，看上去十分迫切。他生在洋气的通商口岸，看着海长大，现在也居住在那里，因此无论到哪里，他总要先冲向海岸，亲眼见到大海才能想象出内陆的地形，心境也会由闭塞变得开放。

我暗自想：“我们接下来去宁波，就能看到海了。”但没有说出来。因为这个问题不仅是精神层面的，他的肺也似乎在渴求着呼吸海风。

“张君，我们去看海吧。”他甚至对我们的张和平也说了。

尽管张和平出生在中国传统的沿海省份福建省，但他的故乡雷峰位于远离海岸的内陆，在山峦与盆地之间，他的心境也不会因看到大海而豁然开朗。

然而，或许是出于相当的同情，当晚，他说服当地的干部们，为我们研究观海的方案。

负责的人们肯定很头疼。访问杭州的外国人中提出想看海的，恐怕我们一行人还是第一批，既成的各种游览计划中肯定没有相关安排，必须重新制订。

六月三日星期三的早晨，我们离开西泠宾馆去市区散步，张和平为我们带来了令人欣喜的消息：“我们下午去海边。”当时我们正在吃午餐，风从桌子旁的大窗吹来，白色的窗帘频频摇曳。窗帘的材料是丝绸。

“这可真是奢侈啊。”

我感到很惊讶，望向那一大幅被风拨弄着的丝绸。

说起丝绸，我们一行人房间的窗帘也是丝绸的，不仅如此，连巴士内的窗帘都用上了丝绸。

浙江省以养蚕和生产丝织品而闻名。

即便如此，如果十五六世纪的欧洲人看到这种毫无顾忌地大量使用丝绸的景象，无疑会大吃一惊。此外，江户时代的统治阶级一直尝试禁止本国百姓穿着丝绸，可以想象，如果他们看到这一幕，也会为中国的富裕而震惊吧。

然而，到了今天，情况则有所不同。

中国经济的困境，在于缺乏可用于获得外汇的自然资源。而且，尽管这个国家幅员辽阔，可耕地面积却较少，粮食产量不足以出口他国，而且中国也无法大量生产对世界消费市场有足够吸引力的工业制品。

小型巴士车窗的窗帘用廉价的化学纤维就足够了，而与其等待本国技术发展，不如先引进工业设备。为此就需要外汇。

丝绸这种天然纤维以世界的价值观来看价格昂贵，但中国没有充足的外汇储备，因此不得不使用本国能生产的丝绸，在这一点上，我能感受到这一时期中国经济建设的困难。丝绸编织了古代中国文明的神奇印象。现在是否能够从世界的需求这一角度重新审视它？



“您知道一种叫涌潮的现象吗？”午后，在巴士车中，一位当地人问道。我虽然听过这个词，但不知是什么现象。

“杭州湾越靠近湾顶就越狭窄，钱塘江的河口呈喇叭状。涌潮指外海涨潮时，潮水涌向湾顶，最终被吸入喇叭的现象。在喇叭口边，能看到海上的雪浪化作三四米高的浪潮，潮头水光熠熠，一波一波地涌来。”

据说我们正在前往那个喇叭口。

“那是叫海宁县盐官镇的渔村。”

从地图上看，此地在向西深深嵌入的杭州湾北岸，距杭州大概一百公里。

当然，由这种涌潮引发的潮灾很大，海宁县这一县名中，也包含平息涌潮的愿望。当然我也听说在新中国成立后，建设了牢固的护岸工程，现在几乎没有潮灾了。

我问道："满潮时总能看到涌潮吗？"

据说，这取决于季节。发生在农历八月十八日的涌潮最为壮观，在这一天，大量观潮客聚集在海宁县古朴的岸边，热闹非凡。

我实在难以描述途中感受到的田园气息。

这一带的土地低洼，有很多细细的运河与小池塘，水面上家鸭游弋，水边大都点缀着遮天的乔木，农房的造型也都很古老，按中国的时代来说，多为太平天国时期的建筑。

随着我们向前走，道路变成现在中国少见的土路。

我们一路前行，道路开始与钱塘江河口的堤防并行，已经临近盐官镇了。我们一进入这座名为盐官镇的村子的地界，道路就变成柏油路。让人不禁猜想，这是与堤防工程一并建成的，还是因为这个村子经济富裕？之前听说这个村子是渔村，但一眼望去，这似乎是个富庶的农村。

道路右侧是高耸的堤防，因此我不知堤防外是河川还是大海。堤内靠近道路的斜面，是大量泥土垒起的缓坡，在有堤防的地方，都种着竹林一般的水草。

中方人员说道："这是芦苇。"

在华北的半干旱地带芦苇很难生长茂盛，但江南与日本相似，地势低而气候潮湿，在这里芦苇如杂草的王者一般茂盛地生长。人们特意将其种植在堤防边，利用其根部力量加强堤防的强度，并防止水土流失。

据说芦苇也是造纸的原料。此外，还很美。自然生长的芦苇杂乱无章，但有序种植的芦苇，其长度整齐划一，那一碰就会划伤皮肤的又长又糙的叶子，失去了平时凶恶的样子，如同黑道混混变成精兵良将，英勇地守卫着堤防。

巴士向河口行驶了相当一段距离，停了下来。

一位中方人员对我们说道："我们下车吧。"

我们下车一看，距堤防还有 20 米左右的距离。在这之间，细细的运河流淌在堤边，沿河驶来一艘田舟[①]大小的小船。船夫是一名青年，对我们没有表现出一点兴趣。小船正拖着一艘粪船[②]模样的无人船。

我们穿过运河上的小桥，眼前是小山一样的堤防。堤上设有石阶，并竖有告示——保护海塘，人人有责。既然称为海塘，那这堤防对面应该就是大海了。

我们登上石阶，一片浑黄的水世界映入眼帘。在遥远而朦胧的对岸，似乎也筑着一道堤防。

"这不还是河吗？"

我稍微有些失望，下到靠水的堤外。堤外是平坦的人造台地，一直延伸到视线的尽头。这块水边的平坦台地上，足够打网球了。

我望向下游，不知那里是不是海，虽然能看到类似于海平面的一条线，但毕竟太短了。海面附近的水色也没有变蓝，直到水天相接处仍是一片浑黄。虽说中国的大江大河即便汇入大海，其浑黄的颜色也会一直延伸至近海，但这里是河还是海呢？

在堤防上，情系大海的那个人仿佛变成铜像，凝望着海面。他



---

① 田舟：又称秧马，是种植水稻时，用于插秧和拔秧的平底小船。

② 粪船：日本一种平底船，因常用于运送肥料而得名。

牙关紧咬，目不转睛地望着水与天的尽头。终于，他下到水边，风吹起了他的外套。

“满意了吗？”

“嗯。”

他像巷子里的孩子王一样点了点头，但看他的表情，他正在打量这满眼的水是海水还是淡水。

“不过，毕竟叫盐官镇啊。”他喃喃说道。

所谓盐官，是指汉代设立的官营制盐厂。

汉武帝曾让汉帝国的威势光耀世界，征讨匈奴等辉煌的对外行动使国库空虚，这时为筹措军费，他推行了盐铁官营制。汉武帝在各地设置官营制盐厂（盐官），命当地的制盐业从业者担任经营这些制盐厂的官员，为制盐征用百姓，并投入官奴。据说这一制度一直持续到东汉，盐官镇的地名，与汉朝的制度应该有些关系。

不过，在汉朝时，地形应该有变化。就算当时这一带还是海，人们在此开办过盐田，但钱塘江在两千年间不断搬运泥沙，由此足以推想大海已经远去了。

无论怎么用力呼吸,眼前的水,都没有海潮的芬芳或礁石的气息。

“这里可能是淡水。”我对情系大海的那位先生低语道。他也压低声音说道：“不过，那片海怎么样？”他对浑黄的海面上那一小截水平线还有些不舍。

“那也是河。”这句话很难说出口。的确，那片水域作为海湾，无疑是杭州湾最深处的狭窄部分。不过这片土地的地形正如“喇叭口”一词所表现的，由于太过狭窄，其形状让人分辨不清，不知是河口还是海湾的湾顶。也正因如此，每年农历的八月十八日，海水才凭借涨高的潮位，以惊人的势头涌入水位较低的钱塘江河口。

水边有一座七层塔①。

这座建筑是木质结构，各层塔壁粉刷过石灰，但剥落后呈现出浅蜊贝壳一般的颜色，各层的瓦片也已掉落，还生着草，光是屹立不倒就足以令人称奇。

“相传这是五代十国的建筑。”中方人员说道。

这么说，这塔建成以来已有近千年之久。当时，这座塔似乎是由这一带的地方长官所建。一方面它可能成为航路上的标志，另一方面它无疑也是观潮的胜地。

如今，这里作为观潮台就太小了，但还有新建造的混凝土观潮台，以及能容纳百人的带屋顶的钢筋混凝土建筑物。

不过现在水边没有别人，只有好奇心旺盛的我，正望着如海水一般涌来的淡水细浪。



① 七层塔：此塔疑为占鳌塔，又名镇海塔，位于海宁盐官观潮公园，为七层木塔。

# 18 乾隆奇谈

满族在以少胜多征服这片大陆后，建立的王朝是清朝，这无须赘述。

明以前，长城之外的中国东北，以说阿尔泰语的非汉民族为主，居住在牧草地、河川、耕地或者森林间。

汉民族通常称他们为女真，但偶尔俗称他们为“东胡”。据说世界通用的“通古斯”一词，就源于此。

现在，满语称不上是活的语言。在清朝，满族的语言和风俗，通过敕命得以保存。

当然，清朝是中国历史上最后一个封建王朝。在此期间，出现了康熙帝、雍正帝、乾隆帝三位能匹敌汉武帝的“明君”，也相应地出现了治世，国威大振。

有记述称清朝年间，在海宁县盐官镇附近，常常开展筑堤工程。

此外，有关涌潮这一自然现象，还有一篇充满中国风韵的文章存世。

在这篇文章中，杭州湾湾顶的狭窄海面与钱塘江河口的水面被称作“海门”。从我们所在的海塘（堤防）遥望海门的方向，涌潮升起时，先是“仅如银线”。接着，这一丝发光的银线渐近渐高，最终如“玉城雪岭”一般从天边降临。而其声响，则如“雷霆”般雄浑。这篇文章有没有夸张，必须在农历八月十八日，再次来到这座海宁县盐官镇，站在这道堤防上才能确认。

我们走下堤防，回到了路边的巴士旁，这一带水田风光极美，如果只看过海门就返程而错过了美景，是不能容忍的。

在田间小路远远的另一头有一座村子，那里树木繁茂，一座建筑古色古香的大屋顶十分显眼。说起日本类似的景色，在琵琶湖[①]畔的平野，农村的真宗[②]寺院也有高耸的大屋顶。但这里的景色有绿色的浓淡变化，也更明媚。

“张君，我能随便走走，去那边的村子吗？”我向张和平问道。他拍了拍我的肩，说道：“没问题，去哪儿都行。”我走上了刚才那条田间小路。

“那座建筑，是道观吗？”

“没错，是道观，以前……”

“现在，是做什么用的呢？”

“因村子而异。”



---

① 琵琶湖：位于日本滋贺县中央，是日本最大的湖，京阪神地区重要的水源地。

② 真宗：即净土真宗，是日本佛教的一个宗派，在平安时代末期由法然开创。其寺院屋顶的样式多为歇山顶。

起风了。张和平穿上了外套。

村子入口处民房的造型古朴，美极了。

正房是瓦顶的双层建筑，二楼很低。其榫卯结构与日本的木质民房一样。不过外墙和围墙是砖砌的，并涂着石灰。那石灰的白色由于饱经风霜，让整面墙呈现出一种用任何颜料都难以调出的不可思议的颜色。这边有一道木炭色的印子，像釉料在壶上留下的长长的纵线；那边又散布着几块斑点，像泛黄的叶子贴在墙上；还有的像浣熊的毛皮一样呈现出灰色；整体上，与其说是人工的建筑物，不如说已成了自然物。

“这个村子出生的人，客居异乡时想起的，可能就是这面墙的颜色吧。”我向张和平寻求共鸣，他却一直望着墙壁。终于，他说道：“福建省也有。”

“不过，我想在福建省，通常不会这样大量使用石灰吧？”我问道。

我听说福建省几乎没有出产石灰石的山，因此需焚烧贝壳来制作。生产量自然也少，不能像这样大量涂抹。

“没错，没有江南这么多。”张和平说道。

我对他说，福建多树，因此我猜很多民房会大量使用木材。

“没错，在福建省，人们会大量使用木材。不过具体的细节，你必须亲眼看看。”

“泉州？”

我提起了张和平故乡附近最著名的城市。他立刻展开笑颜，大声重复道：“泉州！”日本的“泉州堺”[1]在其繁荣时代，与泉州港保持着密切的贸易关系。虽然二者都已是历史中的海港了，但在张和平的脑海中，无疑正在展开一幅初唐以来受伊斯兰文化强烈影响的海港的恢宏景象。

我们步入的村子，叫盐官镇。

我们走在村里的路上，前方有一座装饰华丽的石门，门后铺着石板。若按日本的习惯，应该将这门称作鸟居[2]。

不过，这并不是道观的“鸟居”。

“在清朝全盛时期，这个村子曾出过一位阁老，他退隐之后在这里度过了晚年。此人姓陈，因此被当地人尊称为陈阁老。只有官居三品（在日本称为三位）以上的人才能建造这种牌楼。因此，看到这座牌楼，也能知道陈阁老不是传说中的人物，而是实际存在的人。”与我们同行的沈虎根先生对我说道。沈先生既是作家，也是杂志《东海文艺》的编辑。

虽说鸟居的形态因国家不同而不同，但考察其可能的起源，似乎并非日本所独有。看民族学者们的各种报告，据说在印度以及婆罗洲[3]等东南亚地区也有类似的建筑,让人怀疑它是否只有一种起源。这难道是一种遍布古代亚洲的神圣象征吗？

在中国，它们有华表等名称。我们眼前这精致的建筑，则被称



---

① 泉州堺：相当于今天日本大阪府中部的和泉市和堺市，因位于摄津国、河内国与和泉国的交界而得名，是江户时代以前重要的港口城市和商业重镇。

② 鸟居：是建在日本神社入口处的门形建筑物，形似牌坊，多为石质或木质。

③ 婆罗洲：即加里曼丹岛，是世界第三大岛屿，属于马来群岛。

为牌楼。在古代，华表和牌楼也建在陵墓，或建在城郭及官衙的入口等处。后来，身份高贵的人也会在宅邸外建造华表或牌楼。

今天，建于明十三陵的华表和牌楼最为豪华，闻名遐迩。

十三陵是皇帝的陵墓，因此那里的“鸟居”有六根并排的支柱，上方则有大小十重装饰性的檐顶。

而在盐官镇，这座牌楼的支柱为四根，装饰性的檐顶有六重。支柱上雕有云纹，横梁上雕有龙纹等，充满了无用的细枝末节，与日本人的审美意识截然不同。

“如果官至三品，任何人都能像这样，在归隐的村子修建这个吗？”

“传说陈阁老其实是乾隆帝的生父。”

沈先生说了一句出人意料的话。

清朝的皇位继承法，与汉民族的长子继承制不同，而是不论长幼，由皇子中能力最高者继位。通常认为，这是由北方游牧民族的族长选举制演变而来。

乾隆的祖父康熙帝，从三十五位皇子中挑选继承者时，就进行过各种试错。结果在临终的卧榻上，康熙选择了第四子雍亲王。但一说康熙不是看中雍亲王，而是看中聪颖的雍亲王第四子乾隆，才立雍亲王为后继者。

有一种说法，乾隆为雍亲王与其侍女（满族那拉氏）所生。但还有一则奇闻，称那拉氏所生的是女孩。而陈阁老家恰好生下一男孩，二人调了包。

有关这一奇闻，日本早稻田大学出版部于大正三年（1914）出版的稻叶君山（岩吉）的《清朝全史》下卷，略微提及了一句：

一说又云，乾隆非纳剌氏所出。实浙江省海宁陈氏之子也。未知孰是。

（有关这一段文字，在写书时，我了解到上海中华书局于 1914 年出版过上下两册《清朝全史》。由但焘翻译，姚汉章、张相编校。其中也有：“一说又云，乾隆非那拉氏所出。实浙江海宁陈氏之子也。未知孰是。”）

“我相信乾隆是陈阁老之子。”

这位沈先生已过中年，性情温厚。他钻过牌楼，说话时的表情相当坚定，让我有些惊讶。我向来不信奇谈怪论，因此沉默了一会儿。

沈先生说道：“乾隆曾数次巡游江南。”

我也记得这件事。

一说乾隆不顾当地负担频繁“南巡”，是为了肆无忌惮地渔色。北京清宫廷的后宫中，满族女子众多。乾隆无法从满族女子那里求得精雕细琢的美色，而相比之下，在苏州、杭州、绍兴等江南地区，却有浓厚的美女文化。

“乾隆曾四度巡幸这盐官镇。”

据沈先生说，乾隆长大后，由乳母处得知自己的生父是陈阁老。乾隆南巡，即便有渔色的动机，应该也是为了与生父相见。更何况，他四度巡幸这个偏僻的村落，这绝非等闲之事。

皇帝每次造访陈阁老的宅邸，都要屏退左右，长时间地密谈。

“陈阁老叫什么名字？”我问道。

沈先生对我说，他一时忘记。

我听了沈先生的话，回头望向雪白的石牌楼，对这个村子而言它的确是超出了规制的装饰性建筑，我开始想前面的故事可能并非单纯的奇谈。

“难道说，乾隆帝并非满族，而是纯粹的汉人吗？”

而我对其肖像画的印象，使这个疑问一直萦绕在我脑海中。

他有两幅肖像画存世。乾隆在自己喜爱的《文选》中亲自插入的那幅肖像画是中国画。画中的乾隆有着典型的满族人面孔，长脸、单眼皮。而江南人的面孔多为圆脸、双眼皮。

另一幅他晚年的肖像画，是西洋画。虽然很难说这幅画里的乾隆是长脸，但他的眼睛有北方特征，又细又尖，是单眼皮，而且脸上肉不多，给人一种精瘦犀利的印象，这可以说是北方民族的特征。

走到道观前，我便打消了进去看看的想法。道教的神像已经全被撤去，里面堆放着收割下来的谷物以及农机具等，这里成了全村共有的仓库。

回到巴士后，我再次向沈先生问道：“您刚才说的话，出典是哪里？”

“等回去后，我给您一份概要吧。”

返程，我睡了一小会儿。

第二天早上，我收到一纸西冷宾馆的便笺，上面写着沈先生笔酣墨饱的文章，题为《陈阁老的有关传说》。陈阁老，名元龙。出典是清代《野史大观》，当然上述内容在其他民间传说中也有记载。不过，沈先生也慎重地保留了判断，写道：真伪难考。

同时，通过下面这段话，也能领略到沈先生的风趣：“当时，汉族内部对满族的统治抱有不满。这一传说在民间流传，乾隆本人却听之任之，我想是因为他怀有缓和两族矛盾的意图 。”

# 19 布袋和尚

我们还在杭州。

在杭州城西的群山中，有一座飞来峰，传说在四世纪时，印度的僧人曾飞到此地。在飞来峰北面的山谷里，坐落着杭州附近首屈一指的大型寺庙——灵隐寺。

我们的日程表中，增加了参观这所寺院的行程。

在七八年前，当我听说杭州的灵隐寺正在大修时，便心想：在国家财政拮据的状况下，真是一笔不得了的开支啊。但恢复了旅游资源，用长远眼光来看，回收成本是板上钉钉的事。

说实话，中国明清时期的宗教雕刻，无论是道教的神像，还是佛教的佛像，都缺乏象征性，仿佛是各种令人生畏的凶悍具象的结合体。

大部分寺院内的建筑也是如此。连粉刷建筑红黄青三原色，都要再加上一层金闪闪的粉饰。为什么这个在上古时代，创造过如此伟大的美术成就的民族，随着时代的变迁（恐怕是始于元、明）变成了这样呢？只能说这是中国文明的一大难解之谜。

从杭州市内出发，一条气派的公路拨开群山，直通终点灵隐寺。这条路叫灵隐路。由此可以明白新中国对重建灵隐寺投入了多大的热情。

对佛教，也是如此。

中国佛教发源于对印度佛典的翻译，但不仅仅停留在翻译上，还为人类留下了完全不同于印度原始佛教的丰厚遗产。

特别是禅宗等宗派，包括其美学要素在内，可以说是印度原本所没有的。中国还发展了净土思想，尤其是早期净土宗[①]思想，印度几乎没有那种清雅感。

此外，胎藏界和金刚界两派完全不同于印度思想，中国唐代密宗[②]将它们奉为不二法门。在密宗之前，中国还发展出以《法华经》为中心的救济色彩浓厚的天台宗[③]教义。可以说这些宗派都发展自印度式思想，但创造出了各自的宇宙。

与极度思辨且形而上的印度文明相比，中国文明发展出一套偏爱具体内容的文化，比如历史叙述。

但并不是说，中国文明缺乏思辨性。从战国的诸子百家到宋代禅宗的发展，这一文明形而上的思考能力之强，毋庸置疑。

---

① 净土宗：是中国佛教宗派之一，主张口念“阿弥陀佛”便能往生极乐净土。

② 密宗：是中国佛教宗派之一，由印度传来，可分为两派，一为胎藏界，一为金刚界。教义主要依据《大日经》。

③ 天台宗：是中国佛教宗派之一，因创立于浙江天台山而得名。其教义主要依据《妙法莲华经》，故又称法华宗。天台宗是中国佛教最早创立的一个宗派，并于九世纪初被日本僧人最澄传到日本。

不过元朝以后的中国佛教，却失去了之前严肃的思辨性，与民间的道教结合，开始迎合现世利益。当然，近代中国也有出色的佛教徒，现在也有赵朴初先生这样思想敏锐、志趣高雅的人。但不能不说上面的那种质变，是历史悠久的中国文明的又一大难解之谜。

灵隐寺在山中，其入口处的广场却仿佛成了巴士中转站，与日本因观光而资本化的名刹的景象相似。

虽然这一天不是周日，游客却很多。这里热闹的景象与红叶时节京都西北郊的高雄相似，不过显然这里没有醉汉。在娱乐活动较少的中国，似乎访问山中的大型寺庙也是一种能给人们以满足的散心方式。

说到散心，自古以来，无论在中国还是日本，佛教兴建巨大的佛堂和佛塔，其中一个原因就是寺院能当作平民的娱乐场所。

石田干之助的《长安之春》，就指出长安人无论贵贱，都爱牡丹。该书引用“花开花落二十日，一城之人皆若狂”的诗句，描述牡丹花期二十天中的长安景象。举例说明曾经的代表性名胜时，该书提到了慈恩寺和西明寺这两所大型寺院。自佛教全盛期开始，中国佛教的大型寺庙，就已经具备作为平民娱乐场所的效用。可以说，以印度原始佛教的圣者们的感觉来评判，这是一种难以想象的发展。

如果把牡丹和娱乐联系在一起，日本大和地区的古刹当麻寺和长谷寺，是赏牡丹的胜地。奈良县的人们称牡丹盛开的季节为“rendo”，到了这个季节，他们会像其他府县的人赏樱一样去赏牡丹，在牡丹旁铺上坐垫，饮酒，野餐，载歌载舞。“一城之人皆若狂”所描述的长安之风，恐怕在奈良时代或平安时代初期就已传入日本，并植根在奈良县的民俗之中。

看到由国家主持的灵隐寺大修及其竣工后的这种热闹景象就能明白，即便中国进入了社会主义时代，把大型寺庙当作娱乐场所的传统并没有变化。

沿途灰色的石壁上，雕刻着大量石佛。这些佛像的时代不尽相同，越古老的越清雅素丽。

在据称是元朝以后的佛像之中，有一尊巨大的布袋和尚像。他腆着气球似的大肚皮，露脐盘坐，满月形的脸上满是笑容，堆出了一道细细的双下巴。

“这是弥勒菩萨。”我们的导游忻志英女士说道。忻女士通晓美术史。

同行者们很吃惊，仿佛在想：这不是日本的布袋和尚[①]吗？最后，其中一个人提出了疑问。

“没错，是布袋。”

不过忻女士又说，在中国弥勒菩萨就是布袋和尚。我们一行人不断前行，走过了那个地方。

不一会儿，我们走进一座挂着乾隆帝御题的匾额——“云林禅寺”的双层建筑，迎面是一尊镀金的布袋和尚，脸大腹鼓，正撑着右膝坐着。

“这是弥勒。”忻女士说道。

虽然弥勒信仰在中国历史悠久，但显然弥勒原本并不是布袋和



① 布袋和尚：也是日本神道教的七福神之一。

尚，不知从何时起，苗条而女性化的弥勒形象变成了布袋和尚。

日本还保留着很多七世纪的弥勒菩萨的古佛像。著名的广隆寺（京都）及中宫寺中的半跏思维像[①]，就具有代表性。菩萨坐在石头上冥想，右腿弯曲，右手中指微微托腮，这正是象征救济、冥想和慈悲等主题的造型。

当然，古代中国也有这样的仪轨（佛像造型的规范），但这种象征性以及形而上的相貌，可能不符合中国大众的审美。

弥勒菩萨起源于印度。据说这位菩萨在释迦灭度五十六亿七千万年后下生人间，拯救释迦生前说法未能拯救的众生，而在那之前，他在兜率天对天人讲授佛法。随着佛教东渐，相比于印度，在中国、朝鲜、日本，人们对这位救济性强烈的菩萨的信仰更加兴盛。人们对其法身的憧憬之心，也几乎脱离了肉身，造出通透而富有象征性的弥勒菩萨像，给人以不食人间烟火的感觉。

布袋和尚，就是那肉身。

具体地说，此人生于后梁（907—923）时期（或晚唐时期）的浮世。他出生在离这座杭州城不远的宁波（当时称明州）奉化。

此人名为契此。相传他是位禅僧，不过他云游四方，居无定所。他在明州奉化一带乞食行化，每当收到东西，就会纳入悬在禅杖上的布袋之中。由于他总是挑着布袋，因此有了布袋和尚的诨名。

他肯定给人看过袋子里的东西，并说："这布袋里可装着各种东西呢。"他虽然是僧人，但也会把化来的肉装进袋子，不拘泥于斋戒。

---

① 半跏思维像：一种倚坐造型之佛像。一般为左脚下垂于地，右脚横叠于左膝上，左手自然下垂，置于右脚踝上；上身稍前倾，曲右肘，右手五指或食、中二指支撑于右颊下，呈现思维之状。

据说他蹙额大腹，常袒胸露乳，能随卧雪中。中国人大多喜欢奇人。我们从上述事迹也能知道，布袋和尚就是个奇人。据说他能占卜人事吉凶，但佛教原本没有占卜思想，道教中却有。难道布袋和尚是个亦道亦佛的人物吗?

据说布袋和尚在后梁贞明三年（917）三月三日，于明州奉化县岳林寺的东廊圆寂，也就是说，类似于旅行者倒毙途中。在东亚，无论是日本还是中国，都有对倒毙的旅行者进行宗教性崇拜的风俗，这是一种自古以来的信仰（古代日本人还会将异国人的溺死的尸体奉为神明来崇拜）。出于对奇人的敬畏，以及对倒毙的旅行者的崇拜，在布袋死后，有人开始说："布袋和尚是弥勒菩萨的化身。"最终，崇拜其形象的人逐渐增加，自古就已普及的弥勒信仰，接受了布袋和尚的形象。



不过，如果布袋和尚是一位皮包骨头的瘦子，他肯定不会受到当时中国百姓的敬畏，也肯定不会成为弥勒菩萨。虽然今天有所不同，但在过去的中国，有尊敬体型丰满者的风俗。据说如果一个人不够丰满，即便他是大官或富豪，也无法作威作福。虽然布袋和尚以乞食为生，但人们看到他气派的大肚子，就会认为他是个蕴藏着福气的人。

从另一方面看，中国佛教还是一部大型寺院的经营史，唐朝时就已经如此。一些达官富绅被称作施主，很多寺院依赖于他们的捐赠。这些人在为寺院带来金钱的同时，也带来了俗气，想必在这种情况下，寺院的长老会为教义与经营的矛盾而烦恼。道元①和尚入宋时，遇到

① 道元：日本佛教曹洞宗创始人。

天童山长老如净[1]，得到了极大的启蒙。但天童山在这位如净的管理之下，俗界的风气似乎侵入了寺庙，以至于道元对师父管理寺门的态度也抱有疑问。

这些富有的施主，向寺院捐赠了大量金钱，如果他们为布袋和尚的巨像贴上闪闪发光的金箔，送进寺院说“请为我供奉这尊弥勒菩萨”，寺僧也很难以“这尊弥勒菩萨不符合‘仪轨’”为由来拒绝。我们很难知晓道元入宋时，天童山有没有布袋和尚，但现在，那里也把布袋和尚当作弥勒菩萨来供奉。

要论中国近代以前能左右天下的富豪，那必定是盐商。据说他们操控的组织，是在中国历史留下印记的秘密团体的前身。这些秘密团体被称为“帮”。近代以后，出现过青帮、红帮、红枪会、绿枪会、大刀会、小刀会等帮会，在入会或集会时，当然伴随着秘密仪式。

我曾在书中读到过，一些帮会要在布袋和尚的佛像前举行这种秘密仪式，但现在想不起出典。

总之，中国佛教随时代推移，在造佛造寺方面的水平，相比于上代有所下降。布袋和尚也似乎是这一变化的象征。进一步说，通常认为这种变化的主要原因，是布袋和尚反映了盐商这一阶层的品位，但我没有什么证据。

不知在当今中国，有没有人不仅研究布袋和尚，也研究佛教教义与美术向形而下严重倾斜这些现象产生的时间和原因。我漫步在

① 如净：即如净禅师（1163—1228），字长翁，俗姓俞，明州（今浙江宁波）苇江人。晚年受诏住庆元府天童山景德寺，有《天童如净禅师语录》。

灵隐寺的佛堂内，不时偷望值得敬畏的神佛，想到了这些。不过我明白，在当今中国，光是管理不断出土的文物就已经让人忙得不可开交，这种闲情逸致的研究，可以说是近乎有害的蠢事。

# 20 瓦流草

浙江的原野一直延伸到钱塘江以东，杭州湾以南。网状的运河滋润着城市，输送着城内的人和物。在公元前五六世纪，这里作为越国的都城而广为人知，但如今却稍稍落后于近代化产业浪潮的脚步。

这就是绍兴。我早就想来这座城市，但一直未能如愿。正如“绍兴”意味着上等的老酒，这座城市是著名的酒乡。不过相比之下，我对绍兴民房的构造更感兴趣。

不知从何时起，我产生了一种一厢情愿的想法：在绍兴，应该没有多少那种红配黄的装修，即所谓中华风情。

需要解释一下上文的中华风情。可以说，这是一种极为普遍的，来自唐人街中餐馆的门面装潢的印象。比如，红色的圆桌，带有红色或黄色“卍”字花纹的中式面碗，雕刻着镂空双喜字的屏风，挂在天花板上的大红灯笼，贴在采光玻璃上的左右对应的双龙，在玻璃门上用油腻的繁体字书写的店名。至于中国人到底喜不喜欢这种风格，恐怕他们也不喜欢吧。但总之，华侨的中餐馆给全世界留下了一种印象——这就是中华风情。

“如果去浙江省，尤其是绍兴，见到古老的民房，或许就会有不同的印象了。”

令我心怀这种期待的，大概是鲁迅的作品。总之，我想亲眼见识这座城市的风情。

鲁迅是近代亚洲重要作家之一，他生在绍兴，并在这里度过了少年时代。

据说鲁迅的祖先在明朝就来到绍兴，从事商业，之后成了小地主。到鲁迅为止，周家十四代人都住在这座运河交错，可称为水都的城市。而随着第六代当家中举，周家人踏上仕途，鲁迅的祖父也曾通过清朝的科举考试当上了地方官。因此，在绍兴，直到鲁迅的少年时代为止，鲁迅家的生活水平很高。



鲁迅的父亲是个赋闲度月、徒知衣食的病秧子，总是躺在床上吸食鸦片。在清朝末期的富裕家庭中，这并不是什么罕见的景象。

在鲁迅十三岁时，家中的顶梁柱，也就是鲁迅的祖父因涉嫌协助他人行贿而被捕入狱，从此家道中落。十六岁时，鲁迅丧父，他进入公办学堂，离开了故乡。

1919 年，鲁迅三十八岁。此时周家的老屋已经有了买主，由于交屋的期限紧迫，他为了收拾老家，回到绍兴。一般认为，他的作品《故乡》正是基于这段经历而写成的。

对鲁迅来说，年末的这一天，寒风袭人，天色阴晦。房屋、树木、石堤围着的运河、河上的小桥，都呈现出一派萧索的景象。传承了十四代的家族从此分崩离析，此次返乡是为了与故乡诀别，在鲁迅心中，连景色的色调都发生了变化。他在《故乡》的开头，写下了相较于他的文风显得有些感伤的文字。

> 啊！这不是我二十年来时时记得的故乡？
>
> 我所记得的故乡全不如此。我的故乡好得多了。但要我记起他的美丽，说出他的佳处来，却又没有影像，没有言辞了。仿佛也就如此。

与1919年的鲁迅的境遇不同，我们这次来到绍兴，只是作为闲散的旅行者。

上午九点四十分，我们从杭州站出发，不久便抵达绍兴。花了一小时四分钟。

一坐上在车站前等着我们的巴士，我就把脸贴在了车窗玻璃上。甚至与来迎接我们的当地委员会的工作人员打招呼时，都有些心不在焉。我太想看看道路两侧鳞次栉比的新旧民房了。

车窗外已是波涛连绵的瓦顶，这是苏州之行以来我熟识的景色。黑瓦因年深日久而泛灰，失去了光泽，我不知该如何描述这种美感。其厚度也完全不同于日本瓦。这种瓦片像仙贝一样单薄脆弱，若一片片铺开，似乎小石子落在上面也会应声而碎。不过若将这些瓦片层层累起，它们会变成一个牢固的整体，还有利于雨水排流。此外，与日本瓦相比，这种屋顶的总重量也更轻。这种瓦唯一的目的是遮雨，因此要尽量避免给房屋结构带来重量上的负担。我认为这比日本的瓦更合理。我忘记说了，这种瓦片呈半圆形，是将圆筒形的瓦劈成两半制成的。

“真像仙贝啊。”这一形容，是画家须田在仰望苏州民房的屋顶时说的。的确，这瓦片仿佛一咬就碎。这一层层半圆形的仙贝从屋脊到屋檐排成纵队，仿佛在流动一般，实在是美极了！我通过此次旅行，知道了汉语中有“瓦流”一词。

在古老民房的瓦顶上，都铺着一层青黄色的植物性装饰——屋顶长着的矮草。草把瓦缝间那少得可怜的灰尘当作土壤，顽强地扎下了根。我们来访的六月，正好是这种植物的花期，花开得正盛。之后，我问起草的名字，答曰：“瓦流草。”这个词也很美，而且这种黄色的小花像苔藓一样娇嫩，古朴的“瓦流”在这种花的装饰下，显现出一种宋代绘画般的潇洒韵味。

这时，我情不自禁地开始了另一段联想。我以前说过，这种带有“仙贝”瓦和石灰墙的房屋，也广泛分布在西亚到地中海一带。恰巧我在回国后，看到了一张刊登在《朝日画报》（1981 年 10 月 2 日）上的意大利农家的照片。在意大利北部，波河自西向东汇入亚得里亚海，照片上的正是这片流域的农家。除了原料土泛红，意大利农家的瓦及其铺设方式与江南如出一辙。与江南的瓦顶一样，意大利农家屋顶上也淌着“瓦流”。连没有排水管这点都一样。

不过，意大利农家的屋顶没有瓦流草。就算有，青黄色的花也肯定与红土瓦不搭，而与黑土瓦更配。

绍兴的古老民房，和我预想的一样潇洒，给人一种与中餐馆完全不同的感觉。

在这里，无用的装饰不受欢迎，色调也有标准，建筑物始终由黑与白构成。墙壁的白，支柱和横梁的黑。这种协调，或许源自人们对构造的简洁性与牢固性的钟爱。雅致却不脆弱，古朴而不惹人厌，作为城市要能久经风霜——我想，这些良苦用心已成为共通的文化意识，在无形中融入了当地。

我们的巴士并没有直接驶向旅舍，而是先驶向了鲁迅故居。

我不想在这篇文章中介绍鲁迅其人。去日本的任何一家书店，都能买到鲁迅的评传和全集。尤其在战前，人们像敬爱夏目漱石一般敬爱鲁迅，因此在鲁迅去世后，日本甚至先于中国（1935 年）出版了他的全集（七卷）。今天，仍有《鲁迅全集》（岩波书店出版）、《鲁迅作品集》（筑摩书房出版）等优秀的出版物。

我想把鲁迅故居视作绍兴大小民房中的一个典型。正如前文中提到的，鲁迅在三十八岁时将故居转让给他人，但在新中国成立后，这里被修复并受到保护。

“鲁迅故居 百草园”这一行小字，写在朝向人行道的门上。虽说是门，但其概念不同于日本的山门、下级武士住宅的房门或上级武士住宅的长屋门，只是在带屋檐的矮墙上打通了一个入口。这种建筑风格，在受宋朝浙江式建筑影响的镰仓、室町时代的日本禅寺中也有，很契合禅宗的氛围。

这面墙大概是由砖砌成的。墙上涂了一层加墨（或者油烟的煤）的石灰，呈现出一种哑光的黑色。入口只是一个长方形门洞，可有可无的门框边缘涂着泛白的石灰色涂料，充分展现出绍兴人的喜好——富有宋朝特色的禅宗式质朴感。这种风格被日本人理解为宋朝特色，但这种概念可能源自日本人一厢情愿的看法。虽说镰仓、室町时期的日本禅僧是入“宋”留学，但其实是去了浙江省。在宋朝的不同地域和活动场所，也应该存在多元的审美情趣，其实日本所接受的禅宗美学，可能是当时中国地方性的审美情趣。

也就是说，在浙江省随处可见的最简洁有力的美，得到了日本留学生的青睐。他们回国后，试图将这种美移植于禅房。因此，鲁迅故居，从入口开始就有一种禅宗的氛围。

室町时代，“玄关”突然出现在日本，并在之后逐步盛行。有一种合理的猜想，其原型可能与鲁迅故居的入口相似。

汉语中似乎没有“玄关”一词。

这是日本创造的词语，造词者或许是从浙江省归来的禅僧。为入口这一单纯的结构性功能，增添了一抹宗教性。这很有禅僧风格，但也是禅僧的奇怪之处。

“进入玄妙之境的关门”是这个词的意思。若把禅寺内部当作玄妙的境域，入口当然成了“玄关”。

当初的玄关，不是现代意义的玄关（台阶式的入口），而是在粉刷过（大多是白色的石灰）的寺院围墙上洞开的“中门”。也就是说，玄关指的是鲁迅故居式的这种入口。

与上文的“中门”不同，今天台阶式的“玄关”是日本独创的结构，这种结构在桃山时代得到了发展。我认为，“玄关”一词也被借来称呼这种日式结构。这种结构，无疑是从平安时代公家的寝殿式建筑，以及桂离宫的车寄[1]演变而来的，不曾受中国的影响。相应的，原本指“中门”的“玄关”一词，被借用了。需要说明的是，中国建筑中，没有桃山时代以后日本建筑中的玄关结构。

鲁迅故居的“门”上，铺着一层薄瓦。那里也装饰着青黄色的瓦流草，有种草门或草堂的感觉，草仿佛随意地演绎出一种古朴的韵味。这草当然不是人工栽种的，不过是杂草，但或许由于这种草受绍兴人钟爱，即便在这所由国家管理的建筑里，也没有被拔除。

我朦胧的记忆中，即便同属江南，在苏州和杭州，我也没有见过瓦流草。至少，在由国家管理的建筑中没有见过。也许苏州人或杭州人讨厌这种草，所以拔掉了。

与日本的枯山水庭园不同，在中国园林中，人们不喜欢太湖石以外的庭园石上长青苔，因此平时会仔细清理。同理，如果苏州人或杭州人不喜瓦流草，而绍兴人又似乎对其情有独钟，我想，这可能是受不同审美意识影响的结果。

① 车寄：是一种为上下车方便而在建筑物的出入口建造的顶棚向外伸出的门廊。

# 21 「猹」这种野兽



考虑到鲁迅的人生和思想，鲁迅故居，无论是他中年在北京的住所，还是他晚年在上海的住所，都带有一种超越建筑本身的意味。

不过，说到这所保存在绍兴的鲁迅故居，鲁迅并非出于自己的选择而居住于此，他出生后，在这里度过了十三岁以前的人生。因此，就算这里与鲁迅少年时代的感性思维有所关联，但我们也不能把这里与鲁迅之后的经历和精神联系在一起。值得注意的是，在清朝中期，这个家族有人做过官，在清末又有过一位（鲁迅的祖父）。

我在前文中提到过，鲁迅的父亲是个游手好闲之人。周家在资产上可以算作小地主阶级，但相比于资产的多寡，周家因有人做过官而被当地人称为“书香门第”，受到尊敬。过去中国这种阶级的家宅能够近乎完整地保存下来，只能说难能可贵。从这一点，可以说鲁迅出生在这个宅子，在此度过少年时代，让我们这些后人也享受到了余荫。

刚才我提到过，门檐上装饰着青黄色的瓦流草，有一种古朴的韵味。

我在前文中也提到过，传统的中国人，会积极清理庭园石或墓碑上的苔藓。不过在绍兴，连这座国家保护的建筑上都还留着瓦流草。用日本的语言来说，我从这种长草的瓦顶感受到的就是“寂”。我本以为，在这片土地上也有喜爱这种审美的风气，但在鲁迅的作品《故乡》中，这种草却被当成没落的象征。

> 第二日清早我到了我家的门口了。瓦楞上许多枯草的断茎当风抖着，正在说明这老屋难免易主的原因。

难得的瓦流草，也只能点缀人去楼空的悲凉。如此说来，日本茶道中的侘和寂[①]，也不是单纯由陋室就能产生的美，正是因为屋外拴着价值千金的马驹，粗人和茅草屋才能进入茶道的世界。在周家的鼎盛时期，瓦流草或许反而是周家古格的象征。

我们走进门，脚下铺着石板。

门檐下宽到能容下一辆卡车。门到主屋之间，开着一口天井。脚下的花岗岩石板，铺了七八步。石板两侧的白墙夹道，形成了一段狭窄的空间。

这白墙美极了。

这白色有一种厚重感，成色也极好。而凸显其优良成色的，是嵌在白墙中的只露出一半的黑色柱子。

---

① 侘和寂：是日本茶道、俳谐的理念。崇尚朴实、闲寂、古雅等。

我们走进主屋，这种黑与白的色调也没有变化。黑色的房梁和黑色的柱子，嵌入一整面的白墙，表现出直线型的力学结构，丝毫不会让人生厌。天花板也是黑色的，屋顶很厚，支撑屋顶的横梁有很多，都十分牢固，以实用性为本。

以前，我参观过太湖边大地主的宅子，那里的木质结构涂着朱红，雕刻着龙或故事中的人物，我认为这种炫富方式只能用繁杂来形容，但绍兴的鲁迅故居，称不上是大地主的宅子，也没有那种炫耀感。

“是黑白配色啊。”

我走进了卧室。

“没错。”一位当地人说道。

“虽然鲁迅先生的家族在这镇上曾是上流阶层，但除了面积，这种建筑风格在绍兴是很普遍的。”他又说道，“绍兴人不喜欢红与黄，喜欢白与黑。”

我想，就这一点来说，绍兴在中国称得上是一座特立独行的城市。

卧室内西式玻璃窗的窗框和窗棂是黑色的，床的木制部分也都是黑色的，只有窗外家家户户屋顶的瓦片，是浅浅的灰色，这种色调真是美极了，映衬着瓦顶后树木露出的一抹绿色。

鲁迅故居外，是密密麻麻的街屋。但这片地却有四五百坪①，还有一道黑白长廊。宅院内部有所谓的“房”，还有几个内置庭园。但这些庭园是为了采光，不是做观赏用的，因此没有种多少树木。

当然，受当时中国式的大家族主义的影响，每个房里住着同族



① 坪：日本丈量土地或建筑的面积单位，1 坪约为 3.3 平方米。

中各自独立的小家庭，据说到鲁迅的少年时代为止，总共有数十人住在这宅院内。虽说是同族，但与鲁迅只能算是远房亲戚，即按照日本的血缘习惯很难算作亲戚的人，也与鲁迅生活在一起。鲁迅一家虽然是本家，但也只住一房。各房人员，依循儒礼祭祀共同的先祖，共有祭祀用的田地，这些内容见于丸山升著《鲁迅——他的文学与革命》（东洋文库）。

这种中国式的大家族主义，以另一种形态，对从中国传入日本的佛教造成了影响。在本山级[①]大寺，一些被称作法类[②]的僧侣住在寺内的房（禅宗称为塔头）内，由自祖师传承下来的法脉联系在一起。在正殿宣讲法要时，他们相互协作，平时则分别活动。房的主人被称作“房主”或“坊主”，如果日本的佛教是从印度传入的，则肯定不会有这种形式。

到了宅子深处，再往里走，有一块被白色的石灰墙围起来的空闲地。这是鲁迅家与亲戚家的公共菜园，被称作百草园，是少年鲁迅重要的游乐场。鲁迅在《从百草园到三味书屋》（《朝花夕拾》）中说道：“但那时却是我的乐园。”

> 不必说碧绿的菜畦，光滑的石井栏，高大的皂荚树，紫红的桑椹；也不必说鸣蝉在树叶里长吟，肥胖的黄蜂伏在菜花上，轻捷的叫天子（云雀）忽然从草间直窜向云霄里去了。

---

① 本山级：本山是对各宗派传法的中心寺院，也叫本寺。

② 法类：指属于同宗或同派的僧侣。

与日本相同，“叫天子”在中国通常被称作云雀。鲁迅特意用这一绰号来称呼云雀，肯定是想利用这个词的滑稽感。这是鲁迅语言风格的一个特点。

我们站在草丛中，六月的百草园，没有长吟的蝉，也没有从脚边直蹿云霄的叫天子。不过，能让人想起文章内容的场景基本得到了保存。

鲁迅的短篇小说《故乡》中，有一位叫“闰土”的少年。闰土是鲁迅家用人的孩子。据说他生在闰月，五行缺土，所以他的父亲为他起了闰土这一奇妙的名字。虽然闰土有真实的原型，但作品中的人名是鲁迅起的。“他的父亲叫他闰土”能让读者想象闰土的父亲对他倾注的爱，而特意在人名中使用“土”字，也能让读者想象闰土与土（自然）朝夕相伴，充满少年的活泼气息。他的颈上总是套着一个“护身符”——银项圈，“这可见他的父亲十分爱他”。

闰土是个天才少年。他擅长用机关捕鸟，清楚原野和海滨的小动物的各种动静。

闰土是少年鲁迅的好朋友，他们在十岁左右相识。当时，鲁迅的家境还好，鲁迅也说：“我正是一个少爷。”但闰土还是个孩子，他并没有把鲁迅视为主人家的长子，而是热情地对鲁迅讲述自己在原野和海滨活蹦乱跳的故事。

对少年鲁迅来说，自然就是“百草园”，此外，他只能在士大夫子弟的规矩下生活。

鲁迅六岁起在家塾学习，十一岁起在附近的私塾三味书屋（今天也被保存了下来）念书。

正因如此，即便自然——闰土能天天在其中活蹦乱跳——同在绍兴，它在鲁迅心中也像是另一个世界。

绍兴滨海的沙地有西瓜田。闰土夏天的工作，就是在西瓜田守夜。

> “管贼么？”

在《故乡》中，少年鲁迅问道。闰土予以否定，并说了下面这段话。

> “不是。走路的人口渴了摘一个瓜吃，我们这里是不算偷的。要管的是獾猪，刺猬，猹。月亮底下，你听，啦啦的响了，猹在咬瓜了。你便捏了胡叉，轻轻地走去……”

鲁迅并不知道这“猹”是什么动物。不要说鲁迅，恐怕全世界的动物学家都不知道。以下是《故乡》的相关节选。

> 我那时并不知道这所谓猹的是怎么一件东西——便是现在也没有知道——只是无端的觉得状如小狗而很凶猛。
>
> “他不咬人么？”
>
> “有胡叉呢。走到了，看见猹了，你便刺。这畜生很伶俐，倒向你奔来，反从胯下窜了。他的皮毛是油一般的滑……”

在这种情况下，对闰土的原型是否真的说过“猹”刨根问底，是没有意义的。在《故乡》中，闰土是拓宽了少年鲁迅的世界的重要人物，在鲁迅接触缤纷的自然以及闰土的过程中，“猹”是自然和少年活力的象征，必须被塑造成能跳能跑，能用门牙啃西瓜的形象。

为此，鲁迅独创了“猹”这个字。我仔细翻阅过《康熙字典》

中反犬旁下的词条，但没有查到这个字。

“既然有文字，猹应该是存在的。”

读者先前的这种认知，因为这个字不存在而瓦解了。但读到闰土所说的——油一般滑的皮毛，啃食西瓜的声响（真的有喜欢熟西瓜的哺乳动物吗？），因为伶俐，看到胡叉时不仅不跑，反向人奔来，最后从胯下逃窜——这些猹的习性时，读者宁愿相信猹是真实存在的。人们愿意这么想，是因为“猹”这个字造得太好了。猹用前爪摁住西瓜，小眼睛左顾右盼，啮齿不停地啃食西瓜的形象跃然纸上。

我在百草园不着边际地想道：鲁迅《故乡》中真正的主角，该不会是猹吧？对任何人来说，故乡都像猹一样。童年印象中的宽阔大道，其实只是狭窄的乡村小径；曾经会觉得村外的森林即便在白天也很阴森，由于害怕而不敢靠近，但长大后再去看，那不过是几棵平常无奇的杂树而已。

鲁迅在《故乡》的开头也写道，在进入绍兴时：“我所记得的故乡全不如此。我的故乡好得多了。但要我记起他的美丽，说出他的佳处来，却又没有影像，没有言辞了。”将所有人沉淀在脑海中的故乡的印象，置入丹炉中提炼，都可能化作一只猹跃出来。

现在，鲁迅故居与一旁的鲁迅纪念馆及三味书屋由统一的部门管理。馆长名叫章贵。

章贵馆长的头发乌黑粗硬，中山装的衣襟十分整洁。他始终面带笑容，为我们解说厨房等景点，但在我们走进百草园后，当地人说：“章贵先生是闰土的孙子。”

这让我吃了一惊。看来中国的人事，也很耐人寻味。

# 22 越州的乡村密宗

绍兴像一座由各式灰瓦与白墙堆砌而成的城镇，美极了。不过，今天，宽阔的大路四通八达，美感却因此下降了。

但在鲁迅的时代，道路很窄，而且家家户户门前都流淌着水渠似的小运河。大多数小运河现在已经被填平了，但当时却活泼泼地流淌着。这座城镇的美，就像动植物一般自然。

现在留存下来的水渠（小运河），被两侧的石堤牢固地保护了起来。石堤因水垢显现出古朴的灰色，诉说着这座城镇的悠久历史。在鲁迅的时代，正如他的作品所描写的，水渠上泛着小舟，运送着人或物。在作品《故乡》中，返乡的鲁迅在进入内陆以后，应该也是经由大小运河进入这水渠，在老屋前登上水渠边的石阶，才进入的家门。

当地人告诉我：“绍兴有十分之一是水。”

当然我们没有乘船，而是乘坐小型巴士从宽阔的大路进入市区。

不一会儿，巴士驶入了一段狭窄的道路。市区内有一座名为府山的小山，巴士贴着山脚行驶，最终极其自然地钻进了旅舍的大门。这块地和小学的分校差不多大，背靠郁郁葱葱的府山。这里的建筑也不大，不是宾馆，是招待所。可以想成日本公务员出差时的住处。

招待所背后的府山，长着一片茂密的森林，按日本的话来说，有一种古穆的感觉。一般认为，在绍兴定都的古代越人，与倭人有着相似的风俗，或许在越国的时代，这座小山就带有某种宗教色彩。

招待所开设在这样一座小山的山麓，从风水上来说，让人感觉有点不吉利。假如有人对我说，这里是越王勾践宫殿的遗迹，恐怕我也会信以为真。

“在新中国成立前，这片地和这些建筑，是绍兴的衙门或什么机构吗？”我如此问道，但当地人的回答让我很意外。

“是行会（工会）的会所。”

“是哪一行工会呢？”

绍兴是举世闻名的酒乡。我想如果是造酒业的工会，这里的设施如此排场也不足为奇。不过这一猜想也错了。

“是殡葬用具、用品从业者的工会。”

的确，在新中国成立前，葬礼十分铺张，从带有宗教色彩的纸制品到棺材，要耗费大量钱财。我此前完全不知道绍兴生产这种用品。多亏在这里下榻，我才在偶然中亲身了解到以前的殡葬业者有多大的势力——换句话说，人们在葬礼上要花多少钱。

院内有两座大型建筑。一座是砖混结构的洋楼，另一座是木质中式古建筑。这座中式建筑在过去可能用于商人们的大型集会，现在却像一座古老的道观，空荡荡的，里面有些昏暗。

在这座中式建筑的一隅，摆着为我们准备的晚餐。我觉得饭后返回旅舍的路上可能需要手电筒，在饭前将手电筒装进了口袋。

我们在这座天花板很高的建筑的一隅，围着桌子吃饭，仿佛换上了各地贩卖丧葬用品的老板的面孔。在中国，无论是过去还是现在，“老”字都带有褒义。将土生土长的北京人称作“老北京”，以及在表示亲热时，将姓王的年轻人称作“老王”，都是褒义的用法。“老大”也是对上级的昵称。不过，只有“老板”一词，有点让人发怵。这个词相当于“商店的店主”，但有一种“心怀种种企图，城府很深的人”的意味。

不过，重新审视在座的各位，大家的面容都纯真无邪，与“老板”的面容相去甚远。

不出所料，归途中用上了手电筒。我一边穿过院子，一边仰望漫天的繁星。

“关掉手电筒也能看清路哦。”

前面的人说道。的确，多亏星光照出树木的黑影，我们得以避开眼前的树木。唐朝，这片星空下也有一座城镇。不过它不叫绍兴，而叫越州。

“在唐代，越州似乎有一座名为龙兴寺的寺院，现在还有吗？”白天，我曾向当地人问道。

“现在没有了。”

这座寺院似乎连名字都被遗忘了。恐怕这座寺院在很久以前就荒废了，只留存于日本的文献之中。

睿山[①]的开山鼻祖，日本天台宗的祖师，与空海齐名的平安时代的佛教推广者——最澄（767—822），曾在805年4月来过这座城市。

他曾在越州的龙兴寺停留过极短的时间，该寺的僧人顺晓将密宗的诸经典、诸法器传授予他。也就是说，他获得了“越州的乡村密宗”。

不过对最澄，需要特别说明他并不是密宗信徒。更接近事实的说法是，他偶然在越州捡到了密宗的残篇断章。

当时的唐朝文明，有强烈的国际化特征，在中国史上是一个异类。据说唐朝皇室原本也是来自西方的非汉民族，对不同性质的文化有很强的包容力。因此，从印度到波斯，乃至阿拉伯的各种文化，在这个大熔炉中不同程度地熔解，被唐文明所吸纳。

当时的日本，因为一项长期事业——遣唐使，也接受了唐文明。

在七世纪到九世纪，作为一项国家事业，日本先后近二十次派出遣唐使。

遣唐使涵盖各个领域的留学生，其中也有只做短暂停留的请益生。参加第十六次遣唐使团的最澄，就是如此。

“请益”一词似乎是唐代的词语，意为拜访老师、请教学问。僧人会请求允许自己复印经典、佛画，复制法器，带回日本。很多请益僧已经深谙佛学，最澄就被任命为宫廷十僧（内供奉十禅师）之一，他的权威性，恐怕比明治时期的帝国大学教授还高。

遣唐使船，当时在和语中被称为“四艘船”。因为这种船以四



① 睿山：即比叡山。是日本天台宗山门派的总本山，因此也称天台山。横跨日本京都市左京区与滋贺县大津市两地，为日本七高山之一。

艘为一组。

当时的船只，用作海船太过脆弱，其结构像是由门板拼凑而成的，小小的风浪也会让它支离破碎。航海技术也不成熟，人们甚至不了解中国东海的季风。

也就是说，由于航海技术不成熟，人们只能祈求神佛加护后就盲目发船，所以当时海难频发。宫廷中的高官很害怕自己被选为遣唐使，但另一方面，僧人或汉学家出于对知识的好奇心和热情，很乐意被选为遣唐使，而不顾生命的危险。

虽然航路随时代发生了改变，但当时最澄等人从现在长崎县的西端出发，想一口气横穿大海，直抵目的地明州（今天的宁波）。

七月，他们从长崎西端扬帆，当时中国东海的季风正好是东南风，也就是逆风。由此可以了解遣唐使时代的日本人是缺乏航海能力的。

遣唐使和籍籍无名的留学生空海等人乘坐的一号船历经三十四天，在逆风中漂泊到了今天福建省福州附近，三号船、四号船下落不明。只有最澄乘坐的二号船，平安抵达了明州。

最澄想求取的是天台宗教义。这种以《法华经》为中心的教义，已经没有多少印度原始佛教的气息，是一种以中国式的解释为主要根基的佛教，与以前经由中国传入日本的佛教（南都六宗）相比，其中非印度式的救济思想比印度式的解脱思想更浓重。

从明州向南，只用走一百公里，就能到达天台山。最澄在第二年三月上旬，从天台山取得了整套天台宗体系，为返回日本而回到明州港。大使来唐时乘坐的一号船已经抵达明州港，等待着搭载最澄等人回国。但是，此船不能立刻出发，需要花一些时间办理手续。

“大概在下下个月返航吧。”或许有一位负责人这么说过。

最澄是个闲不住的人。

他可能会想：在这个港口玩乐就太可惜了。

而现在的绍兴——当时的越州，就在不远的地方。

他听说在越州的龙兴寺，有一位名叫顺晓的僧人，在传播密宗。

“我想去越州。”他通过日方的事务官（录事），从中方获取了“牒”。当时，外国人必须持有玉牒，才能在中国国内旅行。最澄获得的“牒”的内容被保存了下来，发行日期是四月六日。

抵达越州后，最澄在龙兴寺和法华寺（这座寺院现在也不知所终），获得了抄写寺内所藏的密宗相关经典的准许。

他没有充裕的时间去研究或质疑，只能埋头抄写。

为此，他在当地雇用了很多写经生。这笔经费，自然是用最澄从日本带来的黄金（大部分是金沙）来支付的，对寺院也有谢礼。

最澄在越州最多停留了十天左右。

以上，我长篇累牍地写了对读者来说可能有些无聊的东西，不过由于最澄的越州之行对日本密宗史是非同小可的事件，因此特意提及。

我登上旅舍的房顶，眺望夜晚的绍兴，树木茂密，遮住了屋面瓦的鳞波，只有染上了橙色灯光的小窗，在黑暗之中零星地亮着。

我想最澄如果没有来过越州就好了。

他在年轻时热衷的，不惜渡海入唐都想引入日本的，不是密宗，而是天台宗这一显宗，它与密宗从思想原理上就不一样。最澄喜欢“笔授”这个词，意为通过文字了解思想，这与明治后日本对西洋学问的做法相似。从他在越州抄写经典等行为就可以看出，他认为回到日本再读这些经典，就能明白其中的道理。也就是说，他十分认真，却小瞧了密宗。如果是显宗，“笔授”是可能的。但密宗认为心、体与宇宙深处的运动是合一的，一旦出错就会被误解为神秘主义，进一步会被错以为是邪教，因此笔授是不可能的。

另外，不知最澄是否在顾虑一位名为空海的青年。空海与最澄乘坐同一船队的不同船只入唐，他在长安学习密宗。

空海是要留唐二十年的留学生，而最澄短期内就要回国。即便是越州的乡村密宗，即便是残篇断章，即便是“笔授”，如果能早一步带回日本，最澄就能成为日本密宗的鼻祖。当然，考虑到最澄的人品，他丝毫没有这种投机主义者的性格。不过，“不能在明州玩乐”，也就是说为了精进勉励，他最终来到了越州，意外获得了当地的密宗。

回日本以后，朝廷上下期待最澄带回的，不是天台宗，而是号称唐朝流行的（这是日本的猜想，实际上已几乎被废弃）先进的密宗。早早归国的最澄，虽然不懂密宗，却被授予了“密宗的请来者”这一荣誉，为密宗操劳起来。

另一方面，空海在长安习得了正统密宗的全部理论，放弃了二十年的留学，两年后便回国。回国后，空海了解到最澄在京都宣讲的密宗有多荒谬，在暗自吃惊的同时，无疑也充满了思想上的愤怒。

最澄一帆风顺的生涯随着空海的归来结束了。此后他与空海对立，最终屈服于空海的密宗学说，另外，他在与南都的旧佛教的不断斗争中，度过了充满苦难的后半生。

对最澄的一生来说，与其把越州的十天（通常说法）视作其笃实性格轨迹的写照，不如认为那是鬼使神差。我想，或许这才是对他的告慰。

# 23 前往会稽山

第二天，六月的烈日炎炎。

这天早上,我们计划前往“会稽山”。其山名就已经让人兴奋不已。

离开越国的古都绍兴，会稽山就在城外平原的东南方。

> 会稽者,会计也。

早在《史记》中，就有上述解释。“稽”与“计”意思相同，指会计。“会计”一词历史悠久，《孟子》中就有将算钱称作“会计”的例句。会稽与会计，原本都指“召集众人，衡量其功绩”，有论功行赏的意思。

中国神话中的圣王，有尧、舜，禹紧随其后。

禹曾效命于舜，有治水之功。后来，舜将王位禅让给禹。禹以后，王位由禅让改为世袭，之后进入了传说中的夏王朝。

“禹在治水时殚精竭虑，离家在外十三年，过家门而不入。”

这一传说因《史记》而广为人知。

不仅是夏朝，其后的商朝也一直被认为是古代人创造传说时虚构的王朝。

但是，在二十世纪初，随着殷墟被不断发掘，商朝的存在得到了证实。

“夏朝会不会也实际存在过呢？”

这种期待，虽然不能公开表达，但它一直埋藏在中国考古学界一部分人的心底。

此外，夏朝的始祖——禹的真实性，也十分可疑。

“禹可能是夏民族崇拜的水栖动物。”

禹的父亲名为鲧，也曾效命于舜，负责治水，但鲧失败了。“鲧”字带有鱼字旁，进一步给予了人们对禹为水栖动物说的想象空间。

藤堂明保教授分析了“禹”的象形文字，认为它是一种头部较大，尾巴下垂，靠后肢站立的大型蜥蜴。可能是水神。

中国文明发源于黄河流域，这无须赘述。一般认为，南方的长江（扬子江）流域发展相对缓慢，远远落后于中原地区。这种说法几乎已成定论，我也这么认为。

不过在神话中，禹的行动范围并不局限于中原，他远渡长江而死。禹也来到了长江下游平原的浙江省的会稽山，在这里死去。神话人物的活动范围的确很广。

古代中国，是一个多民族混杂的世界，这些民族拥有多种多样的语言和文化。或许他们在创造尧、舜、禹的神话时，就已经了解到大陆有多宽广了。可以进一步猜想，神化的尧、舜、禹，可能分别是不同民族的神，最后被统合进同一神话体系，并随着时间推移增加了一些逸闻。

“在会稽山，建有禹庙。”

来到绍兴后，当地人曾向我说起此事。我还是第一次听说。

“会稽山”这一山名，自古就为日本人所熟知。

在禹很久以后的春秋末期，这一山名频繁出现在越王勾践的故事中。越王勾践在吴越之争中，先取得了一次对吴的胜利。

我在苏州篇中说过，吴都是今天的苏州，吴地就是今天的江苏省，这无须赘述。

与之相对，越地是今天的浙江省。吴越都是古代的水稻种植区，两国不和与纠缠不休的争斗，或许源自相同文化间的憎恶，或利益冲突。

从中原文化的角度来看，吴越两国都有一些异文化特征，但吴越在冶金工艺上远胜中原。前几年，“中华人民共和国出土文物展”在日本开展，展品越王勾践剑引发了热议。工匠利用先进的合金技术将铜铸成坚硬的剑身，在剑身上镶嵌菱形的金属几何纹，为进一步使宝剑闪闪发光，还在剑格上镶嵌了天然玻璃和绿松石。此外，通过剑身“越王鸠浅（勾践）自作用剑”的八字铭文，可以了解到吴越已属于汉字圈。这把剑出土于湖北省望山的楚王古墓。

《史记·越世家》中写道：

越王勾践，其先禹之苗裔，而夏后帝少康之庶子也。封于会稽，以奉守禹之祀。文身断发，披草莱而邑焉。

由此，我们可以了解到禹是越民族的神，会稽山曾是神山。

另一方面，吴王夫差富国强兵，最终击败了仇敌越国。战败的越王勾践弃城逃往会稽山，率五千士兵守山，但最终耗尽了力量，提出了屈辱的投降条件。因胜利而骄傲的夫差，饶恕了他。

其后，越王勾践幽居在会稽山中，朝夕舔舐苦涩的熊胆，每舔一次，便自问道："汝忘会稽之耻邪？"这个故事，对奈良时代以后的日本人来说耳熟能详。

"不过，在日本，任何书上都没有会稽山的照片。"同行的同志社大学教授森浩一先生在巴士中喃喃说道。森先生是考古学者，在把握人类的生产生活、人与自然的关系等方面，有着卓越的学术敏感度。这番言论，肯定也是源于这一点。

我们的巴士行驶在平原上，平原的尽头就是会稽山，在亲眼见到会稽山之前，我一直认为它是一座孤峰。

会稽山其实是一道平淡无奇的山脉。会稽山很低，隆起了很多瘤状的小山峰，就中国的山来说，其植被相当茂盛。任何角度的剪影都无法刻画出这座山的山容。

我们通过"稽山桥"离开绍兴市区，进入了城外的平原。

在二十世纪四十年代以前，这座桥的附近还残存着城墙。现在，那些城墙已被拆除，城墙遗迹变成道路，成了市区外侧的环线。在还有城墙的时代，此处有一扇名为"稽山门"的城门。

穿过桥梁，城外的平原上水光潋滟。运河和灌溉渠像银线一般，还有一些流水汇成了池塘，这些池塘在洪灾时能起到小型蓄水池的功效。这里是水田地区，因此与日本的农村相似，民房成群。

各村的古树，都像在展现村庄的古朴，装饰着蔚蓝的天空。巴士行驶在小路上，我不禁感慨道："在太古，越地曾是断发文身的国度。"

不知"断发文身"中的断发，是仅仅剪短头发，还是剃光。

除了中国的汉民族，各民族几乎都有剃掉一部分头发的风俗。这种风俗似乎还传播到了东南亚，不过从越人的角度出发，说这种东南亚的风俗文化传入了中国大陆，或许更加贴切。当然，文身就指在身上刺青。

古代日本也有这种风俗。《魏志》的《倭人传》中就提到过倭人的风俗：

> 男子无大小，皆黥面文身。

《魏志》的作者似乎也认为这种风俗与古代越人十分接近，接着写道：

> 夏后少康之子，封于会稽，断发文身，以避蛟龙之害。

有说法称越人是古代泰语系民族，现在这一支少数民族在云南省等地以种植水稻为生。无论是观察这些少数民族的民俗，还是查阅《魏志》中有关倭人的记述，我们都能发现这种风俗，从云南发展至长江下游，并一直延续到日本。

此外，《魏志》的作者在描述倭国九州某地（狗奴国）的位置时，以会稽为基点，写道：

计其道里，当在会稽、东冶之东。

从这里也能看出，他似乎倾向于把越和倭归为一类。

上文以及其他场合中，“会稽”这一地名，有时指山名，有时指这一带的平原和海滨。

秦朝设立了“会稽郡”。汉朝沿用了这一地名，但拓宽了范围，将春秋时期的吴越纳入其中。其后，人们多以“会稽”称吴越故地。

我已提到过，通过近期的考古学成果可以了解到，这片长江流域的会稽地区的古文化，不亚于中原。

谈到黄河流域，有文献支撑的最古老的文化是殷商，但其古老程度也不超过公元前 1600 年至公元前 1046 年。当然，龙山文化以及仰韶文化（前 5000—前 3000）比殷商更早。



过去，人们认为在长江流域没有发展出与黄河流域相当的古代文化。但随着河姆渡遗址（浙江省余姚市）在 1973 年被发掘出来，情况完全变了。在河姆渡，除了石器、骨器、木器，人们还发现了陶器甚至人工水稻的谷壳。河姆渡的时代比龙山或仰韶都要久远，可以追溯到公元前 6000 年。现在，人们不得不承认，中国的古代文明发祥地，不单是过去公认的黄河流域，还有第二个源头。

我们的小型巴士正在会稽平原上向东南行驶。

“越人与倭人应该有很深的关系吧。”我对森浩一教授说道。他虽然露出了谨慎的表情，但还是肯定了我的说法。

倭人在公元前推广水稻种植，创造了弥生文化[①]。在三世纪前

① 弥生文化：指日本弥生时代（前 300—300）的文化。弥生时代的日本开始种植水稻，使用青铜器。

后，弥生文化凭借筑造古坟这一形式，初步成熟。

众所周知，在中国的史书中出现的有关倭人最早的专有名词，是卑弥呼。她是三世纪上叶到中叶的邪马台国的女王，在三国时代与魏国建立了邦交。卑弥呼曾数次向魏派遣使者。

当时，朝鲜半岛的乐浪郡和带方郡是汉朝的直辖地，由魏国统领。因此，卑弥呼肯定向这两个离日本最近的郡派遣过使者。不过，她应该也没有无视长江下游的会稽郡。既然有例子(《安详寺资财账》)表明，后世的中国船曾利用季风，经三天三夜到达九州，那么倭国与长江下游的往来也就很自然了。与遣唐使时代不同，当时的倭国有一个名为安云的航海民族，在那个时代，日本民族应该还没有忘记，大海是自己大显身手的舞台。

不过三国时代的会稽不属于魏国，而是在东吴的统治之下。相较于魏国，东吴与倭国的邦交更久远，倭国肯定曾同时向两国朝贡。

在《魏志·倭人传》中，出现的人名有七八个之多，森先生对这庞大的信息量感到惊异。

据说，关于这些人名出现的理由有很多猜想。而倭人曾频繁横渡中国东海，造访会稽地区，就是猜想之一。

“因此，我认为人们应当更加重视‘倭人砖’。”他说道。

“倭人砖”是个生僻词，以下解释摘自森先生的《考古学笔记》（社会思想社出版）。

1972 年，在安徽省亳州市，人们发现了魏祖曹操的曹氏家庭墓群。从这座二世纪下叶的墓葬中，有八百多块刻着文字的砖头（字砖）重见天日。其中一块字砖，刻着“倭人”字样。砖的上半部分缺失了，只残存着七个字。

有倭人以时盟不（否）

以下是森先生在论文之外的闲谈，据说，若将上文的“文意”与曹氏的履历联系起来，“倭人定下时间，来到会稽郡”的情景便能浮现在眼前。

在这片平原上，我们想象着二世纪下叶的情景，离会稽山也越来越近了。

# 24 禹庙和梅干

终于，我们看见了一道轮廓柔和的小山脉。

那就是会稽山。

这一看就像古代越人崇拜的山，山势平缓，没有压迫感。在我的想象中，若以中原那种重伦理的风俗来看古代越人，他们或许很情绪化，有时甚至会感情用事，但我似乎明白他们为何钟爱会稽山这充满母性色彩的形象。

水神大禹的庙宇建在群峰之中，背靠树木最为茂盛的山峰。

在小小的山门两侧，各筑着一道长长的土墙，墙上刷着红漆，并刻有“禹陵”二字。还有一行小字，“浙江省重点文物”。这土墙和建筑都像新建成的，看来浙江省不久前才动工修复过。

禹庙新修的瓦顶泛着银灰色的光，红墙建筑沿着山坡层层堆砌。而与之相比，横在山麓下的村庄古色古香，别有一番风情。

村里有一条小运河，水流交汇处游弋着水鸟，水面上架着一道由整块石板构成的石桥。在绿树掩映中，白墙民房沿着运河的石堤连成一排，不知为什么，我仿佛回到了父母尚未出生时的故乡。

为了走近禹庙，我们穿过石桥，进入村子，看到路上铺着草席，令人难以置信的是，草席上竟然晒着梅果。

“梅干、梅干！”同行者们热闹了起来。

我也是第一次在中国见到梅干，我曾认为这是只存在于文献中的食品。

“为什么做梅干？”我向张和平问道。

“吃。”我得到了简洁的回答。

“和日本一样？”

“不一样，是当点心吃。很好吃哦。”

日本人制作梅干，需按照季节，先摘取即将成熟变黄的梅果，按每升梅果加二三合[①]盐的比例准备好容器。将梅果在水里泡一晚，简单清洗一下，接着放入之前加盐的容器中腌渍，等到盛夏时节取出梅果，一粒粒排在草席上晒干。

虽然梅果要经过晒干才能称为梅干，但仅凭这些工序还无法制成日本的梅干。需再次将晾了两天两夜的梅果放入干燥的容器，密封十天左右。接着，加入紫苏将梅果染成红色。人们先用盐揉搓紫苏叶，挤出叶子里的水分；再将这种叶子浸泡在梅子醋中，等梅子醋变红，将这种红色的液体在阳光下曝晒数天；接着，打开密封的容器，向梅果中注入之前的梅子醋；最后敞开容器的盖子，在阳光



① 合：升与合是日本计量单位，十合为一升，十升为一斗。一升约为 1.8 公升。

下晒几天。是阳光造就了梅干。

查阅汉语的词典，梅干被称为“酸梅”，意为“晒干的青梅”或“晒干的青梅加入糖水制成的清凉饮料”。后者应该被称为酸梅汁，我们在此次旅行中，在苏州的茶馆喝过。滋味芳醇，却不是很酸。

“梅”在北京话中读作“méi”，但在浙江话中似乎读作“bai”。日本的发音却与之相反，汉音读作“bai”，吴音读作“me”或“mai”。

据说在绍兴一带，梅干被称作“话梅”。

不管怎样，中国的梅干与日本的梅干不同。虽然在盐渍和晒干这两点上有些相似，但中国的梅干最终要去除盐味，加糖水或用糖渍，一粒一粒含着吃。据说其滋味是酸甜之中略带一些咸味。

当然，中国的梅干也不加紫苏。

“总之，中国没有那种日式梅干。”

梅的原产地是中国。

据说在奈良时期以前梅就传入了日本，但在《古事记》和《日本书纪》中却没有相关记述。在历史叙述的世界中没有梅，但梅存在于当时的现实环境中。人们欣赏梅花，在《万叶集》中，就有不少吟咏此花的和歌。

“ume”一词，肯定也是当时汉语的讹音。“ume”在万叶假名[①]中有多种表记方式，例如宇梅、于梅、宇米等，由此可以认为日本人难以发出梅（吴音）的读音，在前面加上了元音“u”（有时是

---

① 万叶假名：日本假名的一种，利用汉字表示日语读音，因在《万叶集》中大量使用而得名。

“mu”），这也无须再做赘述。这种现象与马相似。

“马”这种动物与“ma”这一读音在日语中固定为“uma”或“muma”。

不过，关于日语中的梅，《大言海》中记录着一些不同寻常的说法。

据说日语的梅源自“乌梅”一词。

通常，乌梅（ubai）指一味中药。摘取尚未成熟的梅果，将其熏至焦黑即可制成乌梅，它常用于清热止咳。

在万叶假名中，除宇梅、于梅外，也有乌梅一词也常被使用。如果依照《大言海》的说法，梅传入日本时，不是做观赏用或制梅干用，而是一种乌黑的粒状中药。

“服用乌梅。”这句话流传开来。人们获取种子，开始栽培“乌梅”，接着爱上了清雅的梅花，出现了“乌梅之花”的说法，最后“ume”这个词被固定用于表示梅树、梅花，而药用的乌梅却被人遗忘了。

那么，梅干发源于中国还是日本呢？

曹操是三国时代魏国的奠基者，他极富军事天分。据说他在一次行军途中遭遇缺水的困境，士兵口渴难耐。

曹操令曰：“前有大梅林。”士兵们想象着梅子的果酸，口舌生津，解了一时之渴。

这则故事，可以旁证二三世纪就有了大梅林。这些梅林显然不是天然种群，而是由人工栽种的。因此，梅果在当时中国人的生活中，一定占据着重要的位置。

日本的梅林，是为采摘梅果制作梅干而种植的。那么在曹操称雄的二三世纪，中国的梅林，又是为何而种植的呢?

现在，人们会将这晾晒在禹庙前的村路上的梅果，用糖腌渍制成点心，或者泡在糖水中制成梅子汁，但在没有砂糖的曹操的时代，人们不可能制作这些食品。

想必在曹操的时代，梅子主要被当作“醋”来使用。

梅子的“醋”，古时候被称为梅汁、梅浆，现在也被称为梅子醋。

在日本也一样。自梅子传入日本以后，古代的醋主要是梅子醋，而不是米醋。

众所周知，未成熟的梅果会引发食物中毒。刚摘下的梅果，如果不经晒干或者盐渍，就无法食用。在干燥或盐渍梅果时获得的汁液，就是梅醋。

在曹操的时代（之前也是），为提取出最上乘的酸味，梅汁肯定是日常的必需品。在奈良时代以后的日本，人们也会通过盐渍梅果来制作梅醋。

最终，日本人对梅汁的原料梅干产生了一种想法——不如吃了它吧。中国人没有这种想法，这或许造成了两国的区别。

据说梅干出现于镰仓时代前后。

大塚力先生在他的著作《食物食事史》（雄山阁出版）中，注意到在镰仓时代的武家款待客人的菜谱中出现了梅干。这种宴席在镰仓时代的武家用语中被称作“垸饭”。总而言之，这是一种正式的宴席，但刚出锅的米饭是主角，也没有什么像样的配菜。只有鲍鱼干、梅干、水母。

而且，梅干作为一道重要的菜品被端上餐桌。在镰仓时代，连统治天下的武士阶级，日常的饮食都如此寒酸。

梅干在日本人的饮食生活中占据重要的位置，不是在镰仓、室町或战国时代，而是在进入江户时代后才开始的。

如果人们只需要梅醋，那么每家每户只要有几棵梅树就够了。

在江户等地，城市居民把梅干作为日常食品，梅因此成为江户时代产业的一环。为向江户或大阪等消费中心的居民提供梅干，出现了专门的从业者。而且，还需要种梅树造梅林。今天成为各地名胜的梅林，基本上都是在江户时代种植的。

另一方面，梅醋在日常生活中的地位下降，被米醋取代了。虽然梅醋被淘汰了，但梅干却保留了下来。不仅如此，梅干还盛行起来，现在也势头不减。我想此时此刻，在地球的任何一个角落都能看到这样一种情景：在一间海外宾馆的客房中，日本旅客在夜里悄悄泡上一杯绿茶，打开从日本带来的密封的合成树脂盒的盖子，取出一块梅干，舒了一口气。

江户时代，纪州藩①的本藩及其支藩田边藩，就热衷于种植梅林。即便是现在，和歌山县内的梅林也很多，据说那里的梅果产量占全日本的四成。

第八代将军德川吉宗（1684—1751）在继任将军之前，曾是纪州藩的藩主。他著有《纪州政事镜》上下两卷。这不是公开出版物，且卷末写有“本氏之后，代代一子相传也”，因此这两卷书应该是



① 纪州藩：日本江户时代的一个藩，又被称为纪伊藩、和歌山藩。相当于今天日本的和歌山县至三重县一带。

留给藩主的指南。

书上写着，腌渍梅干以作军用。

> 每年申令，各将士囤置梅干二升以为军用。
>
> 万一于乱世之秋，出阵时，令一人持一粒，有止咽干之妙。亦宜于火场。

在随日本航空公司的旅行团出行时，我也带着梅干，可以说人们把吉宗“万一于乱世之秋，出阵时”的心得，变成了非常时期的一种“文化”，传承至今。

我们一行人的目光被晾晒在草席上的半成品梅干所吸引，张和平一定很为难。

“如何加工这种梅干？它最后成了什么样的食品？在现在中国人的生活中它又占据什么位置呢？”

我问道。我对梅干的兴趣甚至大于眼前的禹庙，这让我自己都感到惊讶。

松原正毅先生是我们的同行者。他两眼发光，认真地观察起草席上的一粒粒梅干来。其他人也好像染上了急性民俗学的“症状”，无法行动了。看到这个情景，便可想见梅干对日本人释放出怎样一种魔力。

“我们走吧。”张和平喊道。张和平肯定想感叹：这些人来到了禹庙前，还没登上庙的台阶，却被门前的梅干吸引住了，这是一种多么古怪的好奇心啊。他甚至在很久以后，还会对我提起这件事。

我们一行人终于动了起来。

参观禹庙后，并没有什么可说的。

禹庙供奉的神是“王”，因此整体构造采用了宫殿式的建筑和布局。不过，我很自然地冒出一种猜想：与日本的古神道相似，对古代越人来说，会稽山——像大和的三轮山——本身就是神山。

殿舍有一层瓦顶壮丽非凡，令人称奇。

屋顶的两侧安放着倒立的瓦制鸱尾，但仔细一看，两侧其实都是龙。再仔细看，两条龙都像被大头针钉住的昆虫一样，被剑穿背而过。在中国，人们自古认为龙拥有神秘的力量，尤其是操控水的力量。安稳时降下雨水，使五谷丰登，但有时会粗暴地引发洪水。而禹有治水之功。

为体现禹的力量，两侧的恶龙被刺穿，但在中央的瓦饰上，也盘踞着两条龙。这两条似乎是善龙，一左一右贴着太阳。

类似于古代祆教教义的善恶二元论思想，体现在禹庙殿舍的瓦饰上，这种现象在中国并不罕见，在日本的思想文化中却很少见。

# 话酒 25

中国人在待客时不会喝得酩酊大醉，也不会在路边上演醉态。

一般来说，我们黄种人酒量都偏小。

说到酒量小，美洲的印第安人似乎也能算进来。据说他们遥远的祖先从亚洲出发，跨过白令海，抵达了美洲大陆。一丁点酒就能使他们烂醉如泥，从这一点或许可以断言，我们有着相同的血脉。

仲尼（孔子）曰："惟酒无量，不及乱。"

这是《论语》中的话，先不论其真伪，孔子是儒家的教祖，从其思想性的本质来说，当然要"不及乱"。

儒家是极端的文明（华）主义。既然华的本质是礼教，那么醉酒失礼便会使人成为夷（野蛮）。既然中国人宣称没有什么比野蛮更卑劣，他们也就不会在人前酩酊大醉。在宴席上，对酒量或酒品没有自信的人，在一开始就会婉拒道"我不会喝酒"，并且滴酒不沾，只有酒量相当好的人才会与客人推杯换盏。

唐朝诗人李白生在中国这个热衷于记录的文明中，还曾因其文誉而短暂地踏上仕途，但他却身世不明。这或许是因为他从未公开过自己的身世。

一说李白是陇西成纪（甘肃省天水市）人，他的父亲是从事西域贸易的商人，一说他是西域人。据说李白少年时好剑，结交游侠，还杀过人，曾在四川省的山中独居过数年。李白生性不羁，在他的成长历程中，可能也没有能够接受礼教熏陶的环境。

他晚年的友人杜甫有诗云：

李白斗酒诗百篇，
长安市上酒家眠。
天子呼来不上船，
自称臣是酒中仙。

虽说其背景是唐朝的骀荡之风，人们对酒和醉酒持宽容态度，但李白的醉态，与他的天才结合，成了珍奇的行为，受到人们的重视。或许李白是西域人的说法，就源自这种印象。

“李白斗酒诗百篇”中的一斗，与今天日本的一斗不同，据说相当于现在的两公升。

我 1975 年去过西安（长安），喝过满满一杯号称是李白时代的酒。此酒像日本的米酒一样色白而浑浊，酒精度也只有几度，而且口味清甜。我想，这种酒我似乎也能喝下一斗，但不知当时的酿造是否如此，由于酒里残留的糖分很多，可能在醉倒之前，胃会先消化不良。难道说李白有一副强健的胃吗？

我们在绍兴。

绍兴生产的名酒，被誉为中国八大名酒之首。据说从春秋越都的时代起，绍兴这片土地就生产酒，这里从公元前就有造酒的传统。

绍兴酒不是蒸馏酒（白酒），而是名为黄酒的酿造酒。日本酒的酒曲是米，但绍兴酒的酒曲是小麦。不过根据酒的种类，还会加入粳米或糯米。

“刚才，我闻到了老酒的气味。”我们坐着巴士出入城镇的时候，有人喃喃说道，说不定是路过了酿酒工厂。

在旅舍，我也不由自主地想起了酒。

在仰韶文化（新石器时代）时期——出土文物中的红色彩陶给人留下了深刻印象——中国就已经有了酒器，可见中国酒的历史相当悠久。

殷商曾发展出令人惊讶的青铜器技术，盛酒的器具也多种多样。

“尊”字原本代表酒器。尊很大，以它的容积，能轻易装下一升左右的酒。

人们在“尊”中盛酒以祭祀先祖，由此派生出了形容词“尊贵”和动词“尊敬”。

“爵”也是商、周时期的酒器。

爵有三足，造型有趣，作用相当于杯子。玉制的爵最为尊贵，其次是金银铜制的，或兽角制的。王根据诸侯臣僚的身份，分别赐他们相应等级的“爵”。获赐酒器“爵”的诸侯，在商朝时分为公、侯、伯三个等级，到了周朝，则有公、侯、伯、子、男五个等级。

明治时期的日本，在 1884 年制定了《华族令》，效法西方设置公爵、侯爵、伯爵、子爵、男爵五个爵位，但名称取自周朝的古制。制度取自西方，名称取自古中国，这一方面抚慰被没收了封地的旧大名，另一方面让维新的元老和元勋心情愉悦，真是个不可思议的制度。

这时，人们早已遗忘“爵”曾是一种酒器。当然，授予爵位时也没有酒器作为赠品。

顺带一提，中国最终没有出现“华族”[①]。这与1911年辛亥革命推翻了两千年的封建专制政体，中国突然转变成共和政体有关。

在古代奴隶制的中国，酒或许是贵重的东西。从酒被盛放在用于祭祀或统御诸侯、非王命难以制作的容器中就可以想象到这一点。

但到了战国时期，酒似乎已经相当普及了。

在这一时期，有一个名为“中山”的小国，位于今天河北省一带。当时，人们称中山人为“白狄”，中山王住在帐篷中，保留着一些游牧特质，同时他汲取汉文明，过着华夷折中的生活。前几年，在河北省平山县发掘出一处中山王陵，出土的各种金属器具令人震惊，从其中的青铜扁壶与镀金青铜圆壶中，倒出了酒。

尤其是圆壶，据说一打开盖子，就飘出了名副其实的古酒香气。北京发酵研究所鉴定了样本，其中的确含有酒精，但由于经过了两千余年，酒精浓度不足0.05%。此外，从样本中含有乳酸及酪酸，可猜想这是由动物的乳汁或者谷物酿造的酒。无论如何，这应该是世界上已知的最古老的酒。

---

① 华族：指日本于明治维新至二战结束之间存在的贵族阶级。

中国还产一种白酒（蒸馏酒），因茅台酒而闻名于世。这种通过蒸馏原料发酵后的产物而制成的酒，与西方的蒸馏酒相同，历史较短，最早不会早于二三世纪。

这可能与以下几点有很大的关系：元帝国横贯东西的辽阔版图，东西贸易的活跃化，以及对阿拉伯人、波斯人等被称为色目人的优待政策。

元朝对过去的汉民族文化没有太多顾虑，积极引进了异文化。元朝从波斯人手中引进了大炮，相对的，中国的印刷术及指南针流入西方，刺激了伊斯兰文化圈和欧洲文化圈。

蒸馏酒肯定也是在这个时期由西方传入的。我虽然没有读到过，但《居家必要事类全集》中说，人们用番（藩）名“阿里乞”来称呼烧酒（蒸馏酒）。无论是当时还是现在，酒在蒙古语中都被称作“arihi”，可以说这个词是由元朝引进中国的。

蒙古语中的“arihi”应该也源于阿拉伯语。

阿里乞、“arihi”等词语，在江户时期，由荷兰人引入日本。荷兰人似乎认为这些词是爪哇语，但爪哇语也是因元帝国才传到东南亚的。荷兰人把这些词连同实物一并带入了江户时期的日本。

日本人将其写作“阿剌吉酒”。《和汉三才图会》中写道：

> 阿兰陀之阿剌吉酒，琉球及萨摩之泡盛酒，皆彼国烧酒。气味甚辛烈。

又写道：

诸酒皆由生酒蒸馏制成。乃烧酒也。

萨摩的大口市有一处战国时期的神社，在栋札[1]的背面有木匠的涂鸦，大意是：“这里的住持太小气了，不让我们尽情地喝烧酒。”由此可以猜想，蒸馏酒（烧酒）在日本战国时代或更早就已传入日本。我记得我曾在《冲绳、先岛之路》中提到过此事。不论如何，我们可以认为日本的烧酒，是在元帝国的成立及由其引发的广泛的东西文化交流的边缘产生的，实际情况更为复杂。

带着这些思考，我在离开绍兴的那一天，参观了一座酿造工厂。

绍兴酒的酿造，超出了我的知识范围，故不做展开。在宽阔的厂房内，由厚胎陶瓷制作的大瓮和大壶随处可见，肩并肩地排列着，十分壮观。

与日本酒的生产过程不同，酿酒或者暂时贮存成品酒时，绍兴人不使用樽或桶。所有的容器都是质地坚硬的陶器或瓷器。

直到日本战国时期前后，日本人在造酒时也使用瓶（虽然不是中国那种质地坚硬的容器）。不过在江户初期，日本人开发出制作大桶和大樽的方法，因此开始使用这种容器。

中国没有日本这样的大桶和大樽。这种大桶可用于保存食物（腌渍桶或味增桶），或制成泡澡桶、洗衣桶和手提桶。和它们的名字一样，这些桶有多种多样的用途。中国古代没有这些桶，现在也没有。我想，在中国人看来，日本的桶、樽，可能是一种奇迹般的产品。



① 栋札：是上梁或修建时，标注工程信息的牌子，通常挂在建筑的主梁上，是研究日本建筑历史的重要史料。

大桶和大樽的出现，使江户时期的伊丹、滩、西宫的酿酒产量飞跃式提升。人们利用菱垣回船和樽回船[①]将樽运往江户，樽里装满了酒，因此这种运送方式与今天的集装箱船有几分神似。

大桶和大樽为江户时期的经济注入了极大的活力，它们与日本酒的历史也有重要的关系。不过，刨子出现以后，制造桶和樽才成为可能。

直到某个时代为止，日本都没有刨子。自上代以来，日本人一直使用锛子或枪刨[②]削平木材。刨子（台刨）出现以后，人们才能把木料表面打磨得像镜子一样，精致的几何工艺也才成为可能。

据说台刨在室町时代从中国传入日本。虽然无法严格地考证中国台刨的发展脉络，但在上古时期的中国，似乎没有台刨，它应该是在宋、元前后出现的。至于它是由中国独创的，还是从西方传来的，就不得而知了。中国和日本使用了相同的汉字来表示这种工具，写作“刨子”。

江户初期，似乎还有很多建筑工人在使用老式锛子或枪刨，但如果没有刨子，制作桶、樽的工匠就完全无法施展拳脚。

我漫步在绍兴造酒工厂的厂房内。相比于酒本身，酿造及贮藏酒的容器，更能让我感受到中日文化的差异。同时我还感到，文化的交流规律难寻，机制玄妙，十分有趣。

---

① 回船：指日本江户时期从事国内沿岸物资运输的货船，菱垣回船和樽回船并称“回船双璧”。

② 枪刨：是一种用于打磨工件的工具，形似枪尖。使用方法类似于锉刀，需按压枪刨侧面，反复切削。

# 26 余姚站望远



我们动身前往宁波。

宁波港是河口港，不是海港。

不过，诸藩（外国）的海船曾乘风破浪抵达此地，又从这里出发，驶向海洋，那是一片寄托梦想、付出艰辛，也无法保证安全的世界。在诸藩之中，日本国与宁波的渊源最深。

开往宁波的列车，在上午十点五十六分从绍兴站发车。6月5日，当地雨季尚未开始，这段时间仍在持续放晴。

列车将于下午一点十分到站。从地图上看，列车将沿着向西嵌入大陆的杭州湾南岸疾驰。

沿途广袤的冲积平原上，水流和灌溉渠水光潋滟，低洼的平原看上去像载着草皮浮在水面上一般。

水流从列车的右侧（南）的山上流淌而下。在平原的尽头，起伏着低矮的群山。这片土地有充沛的日光和水资源，势必能发展出原始的农耕文化。

“有一站叫余姚站吧？”森浩一教授走到张和平的座位前，提出了要求。“到了那一站，请告诉我一声。”

“余姚站有什么东西吗？”我向森先生问道。

他说，或许能望见河姆渡文化的遗址。

河姆渡遗址是最近才发现的，因此除了零碎的消息和报告，还没有一本书能让人一窥其全貌。[①]

这座遗址是新石器时代早期遗址，占据着四万平方米的广阔面积，即便从支离破碎的报告来推测，也极大地撼动了历来认为中华文明诞生于黄河流域的观点，它证明长江流域也是中华文明的重要发源地之一。

在这本游记中，我反复写了一些看似重复的内容，中国文明错综复杂，具有复合性。进一步说，与黄河文明比肩的另一大支柱——古代长江流域文明，应该得到更高的评价。

当然，这是史前时代的事。

孔子是春秋时代的思想家，到了他的时代，从中原（黄河流域文明圈）来看，江南似乎有种蛮荒之地的印象。孔子在游说中原诸国却不被接纳，有些自暴自弃时曾说：“事已至此，不如去荆蛮之地。”

他的弟子们劝谏他，没必要去那里。

荆蛮指楚国（长江中游文明圈）。在孔子的时代（稍后一段时

---

① 此文是作者20世纪80年代所写。这里仅表示当时的考古学发展。

间也一样），其语言就与中原不通。至于风俗，可能类似于现在中国少数民族之一的傣族。

劝谏孔子的弟子们大概会说："在中原文明圈内，相互间还有共同的文化，因此即便论事时不设前提，也不会在基本问题上引起误会。但去了荆蛮之地，则完全不同。无论您说什么，对方不仅无法理解，还会产生误解。要是为了避免误解，把所有基本前提（也就是共同的文化）都说明白，体力就会先耗尽了。"

古代中国文化是畏惧野蛮的。长江中下游即江南之地，夏天高温高湿，当时蚊虫飞舞，携带着疟疾原虫，这里也被称为瘴疠之地。

尤其在江南，只需看到这片浙江省（春秋的越国领土）的平原就能明白，这里地势低洼，与海面相差无几。夏天，来历不明的热病和痢病（即细菌性传染病）流行，瘴疠也会变得猖獗。

古代，人类受大量致命疾病的侵袭。

因此，古代人类会选择在靠近沙漠的半干旱地区聚居，那里细菌较少，而且适宜放牧或农耕。我认为，美索不达米亚的苏美尔文明和埃及文明的发祥，都是因为具备了这些有利的地理条件，但不知事实如何。

同时满足这些条件的，还有中国的黄河流域文明。

中原地区，接近内蒙古或河西走廊地带等干燥地区，又有大河流过，不仅适合农耕，而且土地干燥。

用一句话来概括，黄河流域的土壤——黄土层与江南或日本的黏性土壤不同。

黄土层，是由戈壁等周边的沙漠飞来的沙子堆积而成的。

黄土含有石英、长石、云母等成分，颗粒分明，土质干燥。由于每一粒土都能保存水，因此缺乏降水时也适宜农耕。此外，虽然黄土吸水后整体会变得十分泥泞，但晴天时会迅速干燥。自然不利于细菌的繁殖。

而且黄土层的深处不会积聚潮气。只需横向或纵向挖洞，就能当作干燥的食物贮藏库，有时也能当作住所。

因此，黄土层的古墓中，常能发掘出完好无损的古尸。或许是因为这种土壤中缺少腐蚀尸体并使其化为白骨的细菌。出于以上原因，古代人类在此聚集，黄河流域的黄土层最终具备了孕育文明的条件。

如此说来，日本列岛水汽丰沛，在初夏的雨季，山峦和平原都弥漫着湿气，土壤全年处于湿润状态，对免疫力低下的古代人来说不适合生存。绳纹时代①持续了九千年之久，与上述原因有很大的关系。

长江流域也是如此。

——不如去荆蛮之地。

在孔子这么说的时候，劝谏他的弟子或许感到了恐怖：如果前往那种地方，染上疾病就无可挽回了。

长江下游被称为“江南”。我已经多次提过，在春秋时期，现在的江苏省被称作吴，浙江省被称作越。长江中游的楚也一样，大概拥有类似于古泰语民族的文化。

---

① 绳纹时代：日本的一个历史时期，因这一时期出土的陶器带有绳纹而得名。现在一般认为绳纹时代始于公元前 12000 年，结束于公元前 300 年。在这一时期，日本由旧石器时代进入新石器时代。

他们在远远早于吴越时代的古代，就拥有了河姆渡文化，真让人感到不可思议。

不可思议之处在于，河姆渡文化经历了数千年，却只发展到吴越文化的高度。河姆渡人最终也没有创造出独立的文字，不知在何时，他们从中原引入了文字（既然汉民族是一个具有文化性质的民族称谓，那么也可以说，由于引入汉字，越人变成了汉人）。

从各种生产生活的工具来看，河姆渡文化具备向大文明发展的可能性。但历史并没有如此演进，看来还是因为对于古代人类而言，这片低洼潮湿的土地是危险的瘴疠之地。

从中国的发掘报告来看，河姆渡文化已经有了人工栽培的水稻。中国的水稻种植历史向古代推进了一大截。但水稻能养活众多人口，河姆渡有远优于小麦和杂粮的农作物，却没有出现足以孕育出大文明的爆炸式人口增长，恕我赘言，这或许是因为此地湿气过重，为疫病流行营造了绝佳条件。

列车抵达了余姚站。

从接近余姚站开始，森先生就贴着左侧的玻璃窗，两眼放光，眺望着远景。

窗外是广阔而平坦的原野，从地图上看，三四十千米外的另一端就是杭州湾的海。眼前这片恢宏的景色中，随处可见的矮山或连绵或独立，我冒出这样一种想法：在太古，在这片平原还是海滩或大海的时候，这些矮山是海角还是岛屿呢?

“森先生，”张和平用一种轻快而又有些过意不去的声音，安慰般地说道，“河姆渡遗址太远了，这里是看不到的。”

“看不到也不打紧。”

森先生用张和平所不懂的方言答道。河姆渡有至少六千年的历史，是世界最古老的水稻种植遗址。这种以栽培水稻为生的文化，是如何在山川草木之中发祥的——这种朦胧的想象，还是可以通过车窗望远展开的。

我通过《人民中国》杂志 1978 年 3 月号，了解到一些河姆渡遗址发掘的相关信息。

这片平原，在中国被称作“宁绍平原”。1973 年，人们在这片平原兴建水利工程时，在河姆渡地区发现了遗址。在众多出土物中，紧密堆积的稻谷层，令人震惊。更重要的是，这里甚至出土了完整的水稻植株。

文章的作者游修龄、史石两位先生，对这水稻植株的描述如下：

> （这株水稻）刚出土时，绿叶上还泛着光泽，叶脉清晰可见，甚至能数得清有几根。根毛也保存完好，连稻壳上的芒刺也清晰可见。根据调查，这是人工栽培的籼（注：同“秈”）。

“这是籼稻。”

这句话值得注意。

我虽然没有细说水稻种类的能力，但我们经历过二战，通常把籼稻囫囵认作“外米”。这种米煮熟了也不会黏在一起，粒粒分明。做成炒饭很好吃。

印度与日本相反，印度人不认为富有黏性的日本粳稻（japonica）

是好米，其价格也较低。在印度，汉语中的“籼”，似乎是米的代表。

籼稻做的米饭粒粒分明，人们一度认为古代中国没有这种水稻。上述杂志也提到了这一点：

> 迄今为止，考古学上一般认为，中国只有粳稻，而没有籼稻。

中国栽培籼稻的历史很短，据说始于宋真宗时期，即十一世纪初。北宋的《事物纪原》中记载过此事：

> 江淮之间，有稻粒稍细。耐水旱，而成实早。土人谓之占城米（占城是中南半岛的一部分）。真宗尝植于苑中，始自占城国传其种（福建省已经引进了南方的占城米）。



然而，六千年前的河姆渡就已经在栽培籼稻，这给过去的水稻种植源流研究和传播史造成了极大的混乱。

一般认为，糯稻和粳稻是中国原生的水稻，这两种水稻向周边地区传播，一直传播到朝鲜半岛和日本。但河姆渡的这种六千年前的籼稻，是否由于之后粳、糯在中国得势而自然消失，就不得而知了。

顺带一提，古代日本有一种“赤米”，今天还被用在对马等地的祭祀活动中，至于“赤米”是不是籼稻，则超出了我的知识范围。

容易混淆的一点是，籼稻是近世以后才传入日本的。在各类书籍中可以看到，九州一带少量种植过被称作“touboushi”“toboshi”的水稻。我认为“touboushi”是宋真宗时期遍布江浙两省的占城米，可能是随浙江船或福建船传入日本的。当然，这与河姆渡遗址出土的籼稻无关。

我在《壱岐·对马之路》中，谈到了赤米，恕我引用一段：

> 最初传入古代日本列岛的水稻，不是今天的日本粳稻（当然也不是朝鲜稻），而是赤米，这几乎已成定论。

我虽然这么写过，但在此我要完善一下无用的猜想：这种赤米，会不会是河姆渡籼稻系谱上的一支呢？

对马的一些古神社，会在神田中种植供奉神明的神米——“赤米”，据说这种习惯一直延续到大正时代前后。据住在对马的研究者永留久惠先生的《古代史的钥匙·对马》（大和书房出版）所说：

> （赤米）做饭时比普通的米更吸水。缺乏黏性，凉了以后干巴巴的。这种特性与南方出产的米相似。

说不定“赤米”就是籼稻。当然，它不可能是近世才传入日本的占城米，那么它又是哪一支系谱上的“籼”呢？仅凭这点材料，我必须谨慎猜想，但我还是按捺不住冲动，想把它与森先生透过玻璃窗看到的世界联系在一起。

# 27 日本史的光影



对我来说，此次中国之旅的目的，就是参观宁波。我并没有什么奢求，只想闻一闻这座古老的城市和港口的气息。当然，我也想看海。

此外，如果运气好的话，我还想看看从这古老的河港出海，或者归港而来的各式戎克①船。

宁波、宁波港与日本历史有着十分深厚的关系，但遗憾的是，这里没有多少游客，而且把研究宁波作为课题的日本学者也很少。

众所周知，宁波在唐、宋时期，被称作“明州”。

奈良时期的文化，是通过遣唐使船吸收外来文化而形成的，自不待言。为了引进国际化文明都市长安和佛教各个大寺的文化，遣唐使们需乘风破浪前往中国，虽然困难重重，但有值得赌上性命的

---

①戎克：即中国帆船。指有两千多年历史的中国古代用帆航行的“船舶”。分类主要有沙船、福船、广船、鸟船等。

巨大价值。当时的长安，对西方开放门户的程度非常高，本身有很强的文化包容力。因此，对日本人来说，只要去长安，就能网罗到世界各大文明的文化。除了中国自古以来的文化，印度的思想、波斯的工艺品等，对居住在偏僻的远东岛国的人们也造成了极大的冲击，这成了一种文化性的遗传，从今天日本人对丝绸之路的喜爱也可以明白。

从 630 年第一批遣唐使出发，到终止派遣的二百六十四年间，从次数来说，日本总计派遣过十四次遣唐使，根据不同的计算方法，也有观点认为将近二十次。

当时的日本人，还不是航海民族。

他们不懂如何在大海上航行，也不懂如何建造结构牢固的船只。他们只能造出结构像大号澡盆的船，在风浪中颠簸着航行。

在遣唐使时代初期，日本人采用的是沿岸航海术。利用这种方法，日本人一边观察陆地上的山丘一边前进，经过玄界滩以后，顺着黄海朝鲜沿岸的岩滩一步一步北上，最终抵达突入黄海的山东半岛。在同时代的航海民族阿拉伯人看来，这应该只能说是沿岸渔民的初级航海术。

不久日本与新罗断交，此后日本开辟了几条航路，并在遣唐使时代后期发展出真正的航海技术：从九州西端出发，横穿中国东海，直抵扬子江（长江）河口。

“可能的话，请驶入明州的港口。”

这是唐朝的希望，但日本方面，只能像被风刮飞一样栽进中国东海，看到中国大陆的山岳和平原，或者将海面染成泥色的白水（长江的水汇入大海，改变海水的颜色，直到远离河口的洋面都有这种现象，当时被人们称为白水），人们才知道前面是唐土，这时再转舵靠近。由于采用了这种航海术，人们无法实现直达明州的精准航行。

中国的船舶发展得很早，但那顶多是在河川湖沼上漂浮的船。中国没有远洋航海的经验，也没有远洋航海的必要。

在大唐帝国，丝绸之路——这条西北角的沙漠之路，是与西方文明之间的通路，海路则处于半封闭状态。

唐人看到日本这未开化国家的人，竟乘坐遣唐使船跨越大洋，肯定会有这种想法：这可真是胡来的做法啊！

在中国，远洋航海技术得到飞跃性的发展，应该是在唐朝灭亡后。

不过，众所周知，指南针是由古代中国人发明的，并且被利用于各种场景。虽然古代中国的指南车闻名遐迩，但在那之后，指南针的用法却倒退了。看墓相或者家相的风水师用这种工具来定南北。在朝鲜，罗盘直到现代都还是风水师营业的必需品，现在仍有不少被当作古董摆在柜台上。

指南针对中国人来说是极为平常的工具，把它当作罗盘在船上使用，使其在远洋航海中发挥极大作用的是哪个民族，还没有定论。

一个相当妥当的推测是阿拉伯人。在唐朝气数未尽的九世纪末，阿拉伯人被称作“大食”人，有迹象表明，仅在内陆城市扬州，就曾有数万“大食”人居住。他们全部都从事着贸易。

在中国南方的海港广州，居住着更多的“大食”人，他们还从大唐朝廷获得了自治权。到了宋、元时期，他们的活动变得更加活跃。

他们身为航海者，在知道中国有指南针后，将其利用于航海，是十分自然的。指南针很可能是由阿拉伯人传入欧洲的，但那是很久以后的事了。

阿拉伯航海家从西方乘帆船而来，中国南方的沿海居民看到他们的活动，肯定会向他们请教有关航海的技术和知识。首先，肯定有很多人上过大食人的船，当过下级船员。

“在这广袤的世界中，每个地区都有季风。了解了季风，就能轻松扬帆航海。”

他们把这些对远洋航海者来说最具魅力的知识教给了中国人。其后，今天的浙江省、福建省、广东省的沿岸居民，大多确立了自己的航海术。从时代来看，这些事件发生的年代远远晚于日本的遣唐使时代。

到了十三世纪初——南宋末期、日本的镰仓时代——中国制造海船的技术和航海术甚至超越了老师阿拉伯人。

从这个时期到室町时代——中途虽然因元军中断过——日本与中国之间的贸易十分兴盛，中国东海的航路也越来越稳定了。中国的航海术影响了日本的船员，日本人知道了季风，指南针的使用也变得普及。

如果镰仓、室町时代的贸易船要去明州，它们几乎都能准确无误地抵达港口。在遣唐使时代，人们只能说目的地是中国，但不能把目标缩小到一点，那种冒险的航海术就像在河边向对岸扔纸飞机一样。相比之下，可以说镰仓、室町时代有了很大的进步。

镰仓时代，明州和九州之间的贸易船往来十分活跃。在这个时代，禅僧的留学成了一种潮流，但以道元（1200—1253）为例，从他身上看不到遣唐使时代乘船者的不安和悲怆感，甚至还有种仿佛在乘坐长途巴士的安逸心情。道元搭乘的似乎是贸易船，该船在三月下旬（日期不明）从博多港出发，四月初便抵达了明州港。航海日数应该只有七八天。当时是1223年，即南宋嘉定十六年，日本由北条义时执权。

在明州，按照程序（猜想）道元不能立刻登陆，在获得许可前的三个月内，他生活在船上。在他们挂锡①天童山的愿望获得许可以前，行政手续可能需要花费这么多时日。

在船上生活时，有一位老禅僧访问了这艘日本船，说道："能分给我一些倭椹（香菇）吗？"我曾在《越前诸道》中提到过此事。这位老禅僧是明州附近阿育王寺负责伙食的典座。由于第二天是五月五日，老禅僧想做面汁（可以想象成中华面）宴请山里所有的云游僧，因此想买日本的干椎茸做调味料。

倭椹即干椎茸是当时到江户时代为止，日本对中国的重要出口商品之一。从这一点也可以看出，道元入宋时搭乘的是商船。

在明州，设有名为"市舶司"的衙门。这种衙门除了负责关税及出入境事务，还负责由海路入境的外国人及外国商品的相关行政事务。

唐以前没有这种衙门。

尤其在宋代以后，这种海港衙门才变得完备。从这一点看，我们也能了解到宋代是海的时代。陆上丝绸之路已经衰落，"诸藩"用"藩舶"满载"藩货"从海路入宋。



① 挂锡：指游方僧投宿寺院，因投宿时把衣钵锡杖挂在僧堂钩上而得名。

在广东省的广州、福建省的泉州等最大的贸易港，也设有市舶司。除了这两个港口，设有市舶司的地方有温州、明州、杭州、秀州、密州等。可以说在这些市舶司之中，明州的市舶司是为日本专门设立的。

贸易船先进入明州。等船横靠在建有护岸工程的码头，市舶司的官吏便会上船登记必要的事项。此外，最重要的事务是调查船上搭载的货物，估算出金额，征收其中的一成（有时会变动）为进口税。

桑原骘藏的一大功绩，是点亮了发生在中国南方各大港口的东西贸易史的实证之光。在《大食人的通商》之中，他通过观察北宋时代各个港口进货量，来对比港口繁荣程度。广州具有压倒性的优势，明州的实力则很弱。阿拉伯商人活跃于世界各地，而日本船的背后只有平安、镰仓时期日本的羸弱经济，两者实力悬殊，可以说是理所当然的。

不同于之后闭关锁国的明朝，宋朝对贸易十分积极，尤其到了国力衰弱的南宋时代，明显表现出依赖这种利益的倾向。1137年，日本处于平安时代末期，南宋的皇帝曾说："市舶之利最厚。"并降下含有"处理好这一事务"意味的谕旨。此外，在1146年，又降下了"市舶之利颇助国用"的谕旨。

因此，被称为"宋钱"的铜钱大量流失，官僚们宣称这是一种危机，他们用饥饿来比喻这种状态（铜钱告罄、经济停滞的状态），称其为"钱荒"。这条经济用语，却带有一种肉体的痛觉。即便想新铸铜钱，中国的铜也已告罄。"钱荒"一词的严重性也在于此。

日本只有在拼命想创造中国式国家的奈良时代，才认真地执行过铸钱这一重要国家职能，到了平安时代就松懈了。在平安时代，商品的制造和流通都较少，没有必要特意铸造钱币。

通过通商流入的“宋钱”，满足了必要的货币量。日本对“宋钱”产生了依赖。即便进入镰仓、室町时代，日本仍然不铸造新币，而是用从中国引进的铜钱来填补需求。真是不务正业的政府。说到镰仓、室町时代，商品经济空前繁荣，不断成长的国内经济越来越需要通货，于是日本增加出口，在中国买入铜钱，终于让货币开始流通。

南宋方面，在1214年——镰仓的源实朝[①]时期——颁布了禁令，加强了对铜钱流向国外的禁令，不准支付铜钱给高丽或日本商人。不过，由于市舶司负责检查的官吏收受贿赂，该法令成了一纸空文。在《南宋书》卷五十五中，有一位刚正不阿的官吏，名叫包恢。他左迁两浙转运使，兼任包括明州在内的市舶司长官。

他在任期内写了有关铜钱外流现状的奏折。此时南宋由第六代皇帝宋度宗执政。

日本船带来了珍珠、硫黄、水晶、莳绘[②]、螺钿、刀剑等商品。南宋虽然颁布了法令，“不准使用铜钱，一律用绢、锦或瓷器等物支付”，但日本船会换一个港口，总能想办法得到铜钱。据包恢称，日本船“高大深广”，大到能容下上百名船员。他们会把到手的铜钱藏在船底。

“明州”，即今天所说的宁波，便是蒙着上述时代日本历史浓重光影的一座港口、一座城市。



① 源实朝（1192—1219）：是镰仓幕府第三代征夷大将军。

② 莳绘：是日本漆工艺技法之一，产生于奈良时代。

# 28 宁波杂感

下午一点十分，我们抵达了宁波站。

我们在车站前乘坐巴士前往旅舍。市区晴空朗朗。从车站附近看，这是一座保留了浙江省常见旧貌的城市。

现在没有环绕市区的城墙，它们已被拆除，变成了道路，这些道路与旧城墙一样，呈环状围绕着市区。在环线的外侧，运河一如既往地缓缓流淌，人们从事着自古以来丝毫未变的漕运。人们摇橹划船，扬帆迎风，偶尔有发动机船一船当先，拖着众多连在一起的船只航行。

日本通常不使用“漕运”一词。这是中国的词语。

无数的大小运河把河川和湖沼连接在一起，人们利用船运把物资运往远方。

漕运是旧王朝的用语，主要指利用船运，把在长江、淮河流域的广大粮仓地带收取的税粮运往长安等地。在汉代，这种制度及早期的运河网就已经形成，历代的王朝孜孜不倦地开掘、疏浚运河，把运河当作运送自身营养的动脉来维护。

在日本的镰仓时代，道元跨海来到明州（宁波），在前往目的地天童山时，也是乘船驶入山间的。

我们下榻在华侨饭店。

宁波几乎没有外国游客。因此，我原本有些担心宾馆的设施不好，但既然这家宾馆取名华侨，我想设施应该很好。

我们走下巴士，眼前的大型宾馆，刷着黄色涂料。

“好久没见到黄色的色调了啊。”画家须田抬头望着宾馆说道。在明、清时期的中国庭园中，人们喜欢太湖石等形似火焰的怪石，人们借此攀比斗富，据说有人还用象征富贵的黄色粉刷庭园石。总之，历史上的中国人十分喜欢黄色。黄曾是尊贵的颜色，今天仍被当作宾馆这种近代建筑的外装涂料来使用，十分有趣。



和我想的一样，这是个好宾馆。

已经过了正午。我们在房间放下行李，立刻前往餐厅会合，吃午餐。当时已经将近下午两点。在这个时间，还能准备好这么多人的饭菜，只能说这多亏了办事联络者的辛劳和服务员的牺牲。中国人无论职务高低，都有午睡时间。可以想见，餐厅的一些服务员，为我们牺牲了午睡。

“下午，我们去看海吧。”张和平在巴士里对我说道。但我对这句话有些反应迟钝，在用餐时也没回过神来。

我想看河港。

这座河港，曾出入过遣唐使船以及镰仓、室町时代的日本贸易船。

我来宁波，仅仅是因为想看这座河港。

我分不清张和平所说的“海”，是不是那座河港。虽说是河港，但它靠近大海，又是出入大海的港口，四舍五入说成是“海”，也没什么问题。

说起“河港”，在进入十九世纪，蒸汽船和钢铁船大显身手以前，无论在欧洲、中国还是日本，几乎所有的著名港口都是河港。

这种港口更能躲避风浪。

进一步说，理想的河港一般不会设置在海水与淡水交汇的河口，而倾向于设置在从河口上溯一段距离，只有淡水的地方。

在河口这种海水与淡水交汇的水域，栖息着一种对木船来说十分可怕的名为船食虫的敌人。

在木船时代，对船只来说，除了风浪以外，没有什么比船食虫更可怕。

它们其实不是虫子，而是贝类。船食虫属于双壳贝，通体白色，体长十厘米或更长，形似蚯蚓，呈细绳状，乍看之下很像虫子。船食虫虽然有两瓣贝壳，但它的贝壳其实很小，因此不显眼。

这种贝以木头为食。尤其喜欢船底。船只在河口锚泊后，船食虫会立刻游过来，啃食船底，它们把小贝壳当作钻头，用来钻洞。而且它们会把洞钻得很深，在最深处栖身。在江户时代有这样的故事：粗心的船员在河口锚泊，只用了半个月，船底就像蜂巢一样变得千疮百孔。当然，如果乘坐这种千疮百孔的船只出海，船体会立刻毁于风浪。

为防止这种危害，有人采用为整个船底包上铜板的奢侈方法。

但是，这种奢侈的方法只用于十八世纪后的西方帆船，在东方，无论是中国还是日本，似乎都没有包铜板的案例。

在江户时期的日本，无论多大的船，人们都要经常将其拖上陆地，用烟熏船底，通过这种方法杀死小孔里的船食虫。

明州（宁波）的古老港口，现在仍在使用，它设置在河口上游二十千米处。因此，这里基本上全是淡水，人们不用担心船食虫。或许，这正是古人将港口置于上游二十千米的原因。

不知是否由于宁波地处杭州湾南岸平原，地势低矮，这里有丰富的水资源。西方和南方丘陵地带的河川汇聚于此。甬江是下游的称呼。西方（余姚方面）的姚江，南方（奉化方面）的奉化江，在宁波的低地汇聚，形成甬江。这三条河汇聚的地方，被当地人称为“三江口”。

三江口正是遣唐使的故地，也是遣唐使以后，日本历史上扬帆出航的船只，或从中国返回日本的船只出入的港口。当地人不称这个河口为宁波港，而称之为“甬港”。

我们的小型巴士从宾馆出发，驶向这个三江口——甬港。

清朝以前，中国有关自我认知的国家思想完全不同于欧洲。中国的国家思想是一种相当抽象的概念，中国可无限延伸，与天地同宽。不过，现实中存在于边远地区的“藩国”，在概念上造成了难题，其中知礼（这里指世界秩序）的藩王，知道中国皇帝才是顺承天道、权力无边的唯一统治者，因此他们恭敬地向中国朝贡。由此，中国的中华思想在概念和现实上统一了。不过也有不这么做的藩王，从概念上来说，这让中国有失体面。

因此，中国人对自己说："那群野蛮人只是不懂礼，懂礼的话便会前来朝贡。他们不懂才不来。"

由此，中国使滤镜下的概念与现实达成一致。这的确是一种以自我为中心的思想（当然，进入近代以后，在边境受到俄罗斯、欧洲其他国家等有明确的国土与国境思想的势力侵蚀的时候，中国就不得不抛弃以上带有文明论性质的国土概念了）。

根据上述原理，在近代以前的中国，不可能有对等的贸易。所有贸易都是以朝贡的形式进行的。

藩国在了解"礼"这种世界秩序后，通过向中国皇帝派遣朝贡使的形式开展贸易。对藩王来说，首次派遣朝贡使时的态度，就是宣称："我们是分家[①]。我们现在终于认识到这一点了。"为此，朝贡使出使时要带上薄礼（贡品），其实质是各种商品。

为维持这种秩序，中国皇帝面临极大的经济困难。既然自己是世界的太宗、本家，那么即便来自边远地区的藩王使者带来的是虾米，中国皇帝也必须回赠鲷鱼。

朝贡贸易正是全面基于上述文明论（中华思想）这一概念展开的，对中国来说它常常有喜剧色彩（当然，不知古人是否将其视作喜剧）。

日本的室町时代，相当于中国的明朝初期到中期。

当然，室町日本的统治者，是足利将军。

不过，在足利时代，各藩大名的领地大，将军的领地小，住在京城宅邸的将军只有特权、权威和微弱的统率力。

---

① 分家：家族中处于从属地位的分支。

由于当时的日本社会正处于各种文化蓬勃发展的时期，将军想享受金阁寺或银阁寺那样的奢侈。为此，将军想通过贸易赚取金钱。贸易的实际事务自然由商人负责。商人和将军直接联手的时代，就是室町的黄金时代。

足利三代将军义满（1358—1408），最早开始对明贸易。

他在四十岁时开建的宅邸“北山第”，花费了一百万贯（铜钱）的工费。这笔钱主要是通过贸易获得的。

义满削发后，号道义。足利氏又是源氏的一支，因此他对明自称源道义。

1402年，明朝使者为了答礼，携明惠帝的诏书，来到京都。诏书中称义满为“日本国王源道义”。作为回应，义满送出了署名“日本国王臣源”的国书。

这一行为在当时评价很坏，但是如果不以臣服的形式和态度服从明朝的礼，就无法开展国家之间的商务活动（国家贸易）。

当然，自称“臣源”的行为，在义满之后就停止了，但由此开辟的官方贸易，盛极一时。

毕竟唐丝（中国产的生丝）有二十五倍的利润。

商人出入的港口也好，交易场所也好，都是宁波。中方还为日本建造了官办的旅舍。在宁波，日本的一驮[①]铜（按中国钱算，则为铜钱十贯文），能换到唐丝五十斤。若把这些唐丝运回日本，一斤价值钱五贯文。



① 驮：是日本古代计量单位，指一匹马能驮负的重量，约为135千克。

一艘船往返日本中国的费用，最多为一千五百贯文，或两千贯文。如此赚取暴利，就像用湿手抓小米一样轻松。

日本是产铜国，而中国的铜产量较低。日本的一项重要出口商品，就是铜。日本为什么要把铜运往中国，交换中国的铜钱，而不考虑在日本铸造铜钱呢？

恐怕只能得到一个答案："为了节省铸造的功夫。"进一步说，造币需要一个强力的政权。因结构问题而软弱无力的室町政权是无法做到的，造币必须等到后世的丰臣、德川政权出现。

在出口商品中，硫黄也占很大的比例。

此外，日本刀也占据很大的比例。在足利八代将军义政的时代，享德二年（1453）的出口清单中，据说日本刀的数目高达九千五百口。

如此多的日本刀，明朝方面是如何使用的，完全没有文献记载。这些日本刀主要是由官方收购的，但或许成了宫廷的库藏，无人利用。

明朝的诗人曾夸奖日本刀十分锋利。的确，在锋利度上，日本刀优于中国的铸造刀。但武器本身与民族固有的身体运动方法——武术息息相关，对中国人来说，即便把日本刀挂在腰间，肯定也不方便使用。

在室町时代，包括官方和私人贸易，日本出口的日本刀，从印象来说，可能有十几万口。

从当时富冈村梦幻般的繁荣景象可以看出，这些日本刀主要产自备前（冈山县）的富冈村一带，由于是以贸易为目的而量产的，因此质量并不是很好。

我对日本刀毫无兴趣。

在二十几年前，每当我对刀有不懂之处，就会去找某位大阪的古刀剑商。老板每次都会亲切地教我，但有一次，我觉得总是请教他有些不好意思，就对老板说，我想在他的店里随便挑选一口细刀。对方也察觉到，我这次购物乃是出于情义，轻松地说："既然如此，这口刀很便宜，应该符合你的要求。"接着，卖了一口刀给我。

这口刀是室町对明贸易时代的产物，因此说它是便宜货。

虽然我承认，室町时代对日本文化来说，是一个伟大的时代，但是它的一些带有讽刺意味的影响，也为后世蒙上了阴影。

# 29 乘船而上

刚刚说过，甬江、姚江、奉化江三条江汇聚于宁波，形成了三江口。

我们一行乘巴士来到三江口，只见河岸挤靠着大大小小的船舶，水面上帆船穿梭往来，场面蔚为壮观。

“三江口河岸曾经设有市舶司[①]。” 当地人告诉我。

比我们所在的河岸更靠近上游的地方架着一座大铁桥，它在空中优雅地画出一道圆弧。桥上公交、卡车、自行车来来往往，令人眼花缭乱。这里的热闹景象使我意识到现在宁波（明州）的繁华比之唐宋时期丝毫未减。

站在河岸边，我不禁心潮澎湃。

眼前的这个港口，当初最澄与空海也来过——他们生于奈良朝，曾于平安初期入唐求法。一样熟悉这里的还有临济宗祖师明庵荣西

① 市舶司：是中国在宋、元及明初在各海港设立的管理海上对外贸易的官府，相当于海关。

（1141—1215）。平安末期至镰仓时期，年轻的僧人间有入宋求学的风气，他作为其中一员就曾在这个港口上岸，脚踏我们现在站着的这块土地。

也许在平安末期至镰仓时期，只随便在明州的街道上走走，就能于一天之内遇见一个或两个日本僧人。据说荣西就曾经在漫步于四明山或是丹丘之地时碰见过日本僧人俊乘房重源（1121—1206）。那是1168年（平安末期）的一天，荣西二十八岁，重源四十八岁。当时的重源在日本已经是名僧了，所以荣西肯定多少对他有所了解。

“一起去天台山吗？”听到重源这么说，荣西高兴地答应了。

重源是日本佛教史上特别的存在。重源不是官僧[①]，而是私自出家的私度僧。但即便这样，人们不分贫富贵贱仍然敬重他，他也因此有着极大的社会影响力。源平合战[②]时，平重衡[③]在东大寺一把大火烧毁了大佛。朝廷无力筹措重建费用，结果反求助于私度僧重源。

那之后，重源开始了他投入半生精力的募捐（化缘）活动以及东大寺的重建工程。

然而，技术层面的问题令人忧心。

重源为此两度入宋，遍访浙江一带的大寺，考察当地的建筑与造像技术。他每回一次日本就带回一批能工巧匠。



① 官僧：指由朝廷颁给度牒，证明其出家身份的出家人。

② 源平合战：史称“治承、寿永之乱”，指日本平安时代末期，源氏和平氏两大武士家族集团间发生的一系列战争。

③ 平重衡：平安时代末期的武将、公卿和歌人。源平合战中平家的重要将领。

“天竺样”——这个奇特的名字广为流传。它所代表的建筑样式就是在这个时期传入日本的。东大寺的南大门就是典型的“天竺样”建筑。它用作支撑的框架明晃晃地暴露在外，虽然看起来粗率豪放，但这种力量感却不无美与协调。

天竺样是重源入宋后带回日本的，名字里的天竺并不是指印度。当时浙江省内的大型木制建筑几乎都是如此。从日本建筑史来看，这种建筑风格既不同于以前的和风建筑，也不同于后来流行的唐样（镰仓与室町时期的禅宗建筑）。东大寺南大门采用这样特殊的建筑形式，使人不禁感到其果决的意志力。

铸造技术是一大难点。

奈良时期的技艺在当时已经失传了，人们不知道如何用青铜铸出这样庞大的模子，也不知道如何在那之后将它锻造成形。

领命监管大佛造像的藤原行隆也因技术问题甚为不安。他在源赖朝举兵讨平的第二年——养和元年（1181）率十余名铸造师赴奈良实地考察。铸造师们皆畏缩不前：

> 此事非人力之所及。既蒙敕命，定当竭力以争。

这么说是因为心中实在没底。

不过，被平重衡一把火烧掉的并不是整个大佛，至少大佛的莲花座还保留了原貌。所以严格来说，这次的铸造工程应该只限于大范围修补。然而即便如此，这对于平安末期的铸造工匠来说，也是难以胜任的大工程。

这里需要提到一个人——陈和卿。

此人的籍贯、生卒年、过往经历以及事后去向等尽皆不详。然而在源平合战至镰仓时期，他的名号在日本却可以说是上自贵族下至庶民无人不知，无人不晓。按道理陈和卿应该念作“chinn-wa-kei”，可他却被称为“chinn-na-kei”[①]，可见人们情感上与他的亲近。

“日本好像在找能铸造大佛的匠人。”

据说陈和卿听到这个消息后便来到了日本。也许最初他是独自一人来的，但是经过奈良一会，重源对他的能力欣赏有加，于是托他回国多找一些工人来。所以陈和卿只好暂时返回中国，待组织起铸像工人后又重新抵达日本。据史料来看，他的弟弟陈佛寿也是铸造佛像的行家，且部下众多。

可以想见，陈和卿在中日间的屡次往返都是从明州（宁波）港出发或到达的。这很合理。

因为在那个时代，日本与宋朝交流密切，两地间的商船往来如梭。

> 倭人冒鲸波之险，舳舻相衔，以其物来售。（《开庆四明续志》）

中日交流如此频繁，若说去日本的船只，只需挑个适宜的季节赶往明州便能找到无数。

陈和卿在修建大佛一事中立下了赫赫之功。

根据东大寺年代久远的记录集《东大寺续要录》来看，虽然政府在养和元年就令日本的铸造师修复造像，但他们光是铸造大佛螺



① 前者的“和”采用汉音读为“wa”，后者的“和”采用和文训读为“na”。

发部分的模子就已经感到力不从心了。

第二年，正是源平两家打得难分难解的时候。《东大寺续要录》写道：

> 重源化缘之举收效颇丰，多有金铜。只叹并无能手，枉费了许多光阴。适逢大宋国铸师陈和卿以商赴日，重源大喜，同年七月二十三日与其共商工事于佛前。

也就是说，陈和卿与重源在神佛之前缔结了契约。下面一句还是《东大寺续要录》里的：

> 寿永二年二月十一日，大佛右御手奉铸之。

距契约缔结不过七个月，大佛那庞大的右臂便铸成了。

据说跟随陈和卿从大宋而来的工人有七位，随其弟陈佛寿来的有五位。另外还有日本铸造师十四位（核心工人）。

总而言之，大佛的铸造几乎是由陈和卿一手促成的。共同参与造像的日本工人们应该也借此机会研习了大宋的先进技术。

陈和卿虽然名声响亮起来了，但人际关系却不像大部分的中国人处理得那样顺利。他先是对日本工人心生不快，后来就连与重源也不能好好相处，终于分道扬镳。后来，他与负责重建东大寺的公家势力划清界限，离开奈良，转而去了成为新权力中心的镰仓，投靠在将军源实朝麾下。这不禁让人觉得，陈和卿此人可能惯于利用声名博取权位。

那时僧人之中，多有入宋求学的。说来难以置信，就连将军实朝也曾有过入宋的想法。他还因此令陈和卿于镰仓海滨为他造出行用的大船。作为一国掌权者，此举实乃痴狂。

当时那个时代还没有开辟从镰仓到西日本的太平洋航路。就算造得了大船，航海者们又该怎样征服那尚未有人去过的远州滩和熊野滩呢？

陈和卿建造的恐怕是一艘庞大的帆船。船竣工后由数百人拖曳入水，最终却没能浮起。像陈和卿这样技艺精湛的人，总不至于会造出一艘入水即沉的船来。我猜想是有人出于政治上的原因暗地里做了一些手脚，他们可能对于将军"出逃日本"始终心怀忧惧。

自那以后，陈和卿便从日本史料中销声匿迹了。有迹象表明他曾经得授过周防国一带的领地，但至于他究竟是在那里隐居起来了，还是做回商人的本职从博多回明州去了，却无从想象了。

这宁波的河岸，曾经送走过离岸的宋人，也迎接过十二三世纪上岸的日本人。站在岸边，想起这些人的故事，我只觉得兴味盎然。

不知什么缘故，中文把"埠头"和"波止场"叫作"码头"。

古文中是没有"码"的，这大约是清朝末期的俗字。

过去，英国人乘着船来到广州和上海，频繁在描述长度的场合使用"yard"这个计量单位。也许这被当时在海湾工作的清朝商人、办事员和劳动人民等混听成了"ma"，于是后来就用"码"这个字表示了。中国现在也依然沿用这个字。后来的"码头"兴许是从"埠头"中拼了个"头"字造出的呢？自觉有趣，却又没有十分的自信。日本表示同样意思的"波止场"是在明治前后出现的俗语。可同样是俗语的"码头"，却在新中国被当作正规用语而广泛使用。这也从侧面体现了新中国语言政策的包容性。

虽然一般要探究某个词的根源，最后都不免有瞎蒙的嫌疑，但我终究难以按捺这股冲动四下翻阅，结果看到新村出博士[①]推测说日语中的“波止场”是从中文的“埠头”和“码头”演变而来的。他这么推测，大概是因为联想到了江户年间长崎与清朝那密切的海上往来。虽然这并不是一个能站得住的结论，但也不是完全没有道理。

不知不觉，我们一行来到了港务监督局的专用码头前。

这个专用码头不是谁都能进的。码头与大路间隔着铁栅栏，中间竖着一道坚实的门，上书着“宁波港监码头”几个大字。顾名思义，港监局是负责监管港口行政事务（关税、检疫、船舶事务、海上安保）的部门。

门与栅栏的对侧就是河港。就在我们呆立于栅栏前无可奈何的时候，张和平突然说道：“走吧，进里面去。”

我心下纳罕，被半推着走进去，看到一排排的船相拥着停靠在岸边。眼前的这艘，一看就是新造的，它外形流畅，周身用钢铁铸成，是柴油发动机式的官用船。

船身上写着“港监五号”。

“待会儿船会从这里开到海里再返回，带我们重走一遍当初日本遣唐使船从海上进入这三江口的航路。”张和平说。

对我来说这实在出乎意料，但这一定是张和平花费了多日与当地委员会交涉的结果。

---

① 新村出博士：日本语言学家。

“你那时候所说的‘下午去看海’就是指这个吗？”

“没错。”

除了“喜出望外”，我再想不到别的词。前面交代过我们一行中有位喜欢海的人，他在杭州时就一直说想去看海。也许他这真情的流露，被热心的张和平一直记挂在心上。

我们的旅费已提前付过，这里面自然不包含“港监五号”五十千米往返的油费。本来“港监五号”也不是观光船，就算它不论我们在与不在都得出海，我们也着实给对方添了不小的麻烦。

我后来听说“港监五号”大约三百七十五吨位，一千三百二十马力。

汪忠良船长几乎从不离开驾驶台，只是眺望着远方。他三十五六岁，给人一种旧式日本海军士官的印象，他的脸棱角分明，透出一股敏锐，周身充溢着技术人员特有的沉着与刚毅。

我来中国很多次了，却从没有乘过船，这样的人我是头一回遇见。

船离开岸边，我看到四周有许多帆船。

“几乎都是回舟山群岛的渔船。”一位船员告诉我们。

大部分都是老式的帆船。帆布是褐色的，近似梯形。帆上有多个横木，人们可以通过控制它们来调节帆的形状，帆便像可折叠的灯笼一样。船尾高高隆起，船头低而平直。也有一些没有船帆的船，它们凭着发动机行驶。不只是舟山群岛，也有去上海与温州的。我们询问“港监五号”的人对三江口河港的评价。

“缺点是地方小和水深不够。因为地方小，每到现在（下午四点左右）这样的高峰期，小船来来往往，实在不方便。又因为水不够深，这里只能走三千吨位以下的船。”

但是三江口自遣唐使时期——也许还要早——就发挥着港口的作用，对于现在的人们来说更是用惯了乃至离不开了的。像它这样历史悠久、至今还被人们使用着的河港，恐怕放眼世界也实属罕见。

# 戎克 30



我们的最新式柴油船“港监五号”经过河心旋即驶向河口，我坐在船上，心里说不出的快活。

人类是只在陆地行走的动物，偶尔乘船渡水便觉欣喜难耐，也许此举唤醒了平时沉睡在人们心底的欲求。原始社会的人们常常绘鸟画鱼，或雕鸟塑鱼，这一定也是因为人们渴求同鸟一般翱翔于空中、同鱼一般畅游于水底——人类是没有这些能力的。渴求往往催生咒术一般的理论，原始文化中一个形而上的世界渐渐地屹立起来。船一发出，那个古老的愿望成了真，我们每个人都感到亢奋，这亢奋也许是一种本能的战栗。

这艘三百七十五吨的“港监五号”对于满足这个愿望恰到好处。如果是几万吨的巨轮则会丧失人与船的一体感，反过来若是如公园里的游船一般大小，倒被鱼群的敏捷比了下去，反而更激起身体中那原始的劣等感从而欲求不满了。三百七十五吨位的船就很好，它一方面能让人错觉人船合一、处于幸福的眩晕中，另一方面又能在遭遇鲸鲨时以速度取胜、让人感到生理上的优越。

“港监五号”刻意压低了速度。也许是怕掀起大浪砸到近旁你追我赶的中国帆船。然而这对被我们超过的帆船来说仍然是不小的灾难。每次，它们都被迫在船尾的余波上下起舞。

帆船起舞——我为眼前景象的壮观所震撼。

然而帆船上的人们却都肆意谈笑，并不在乎。

每次与帆船相错后，我们都要回头看一眼。这自由穿梭于海河间的“生物”，船尾高扬。眼看着就要从涌起的波浪间一头扎下去了，可转瞬间它便翻过浪头， 这次又把船头高高翘起——也许这得益于它独特的造型。我目送它像参与一场拉锯战似的不断上下沉浮，慢慢远去。船舷很高，只能看到渔夫和水手的头。他们有时平静地进食，有时眺望天空。

“不愧是中国帆船。”也不知是感到滑稽还是可靠，我心里一时填满各种思绪。

拿这种船的外形来说，比起优美倒不如说是粗俗，比起宏伟倒不如说有烟火气，比起威风倒不如说它为了顾全防御功能而造型笨重。它在人类的船舶史上独自延存至今，展现出强韧的生命力。有时它让我感到这就是中华民族本身。

这次旅程的其中一个计划就是看中国帆船，而现在，我们在三江口的甬江段幸运地坐上了船。到待会儿入海之前，我有大把的时间可以观赏它们。

坦白说，我过去对海并无兴趣。年少时，日本依据旧宪法施行征兵制，其中就有海军。我心想如果一定要被征兵的话就去陆军部队，因为我无论如何也不能接受葬身海底。幸运的是我确实没有被征调到海军部队。

然而到了四十岁左右，我突然关心起海与船来了。

接下来插叙一些私事。那时由于撰写长篇小说《坂上之云》[①]的需要，我不得不研究明治海军。在萨长[②]藩阀控制下的日本海军是直接从蒸汽船开始发展的，没有使用帆船的历史，这一点与邻邦俄罗斯的海军相比也是极为特殊的。

不过，日本海军的一切规章制度都继承了英国海军帆船时代的认识和模式。尤其是商船学校、高等商船学校，现在也依然在训练中使用帆船。最初查阅文献的时候，我向曾是海军军人的正木生虎提了一个孩子气的问题。

“为什么海军士官和商船的高级船员要用装饰在袖口的条纹来表明军官身份呢？”

正木先生多方调查后给我回了一封信，但他在信中说：“只是不知道内容是否真实可信。”

信里记述了这样的内容。在英国海军还在地中海一带徘徊的时候，甲板上的士官总是在手腕上缠着带子。后来这种习惯渐渐成了身份的象征，人们于是在制服上加入条纹的袖章。总之，若是从帆船的始祖开始算起，很快就能追溯到帆船时代下的英国海军。而在



①《坂上之云》：司马辽太郎的历史小说。描绘了明治维新后至日俄战争结束前向现代化国家迈进的日本。主人公之一是日本海战的参谋。

②萨长：指在萨摩藩与长州藩间缔结的政治、军事性同盟。

人们称东京为“toukei”[①]的十九世纪末，日本海军也于筑地一角兴起，对历史的追溯多少能加深我对它的认识。

不过只凭这点程度的认识，还难以从实质上把握自然界的大海，以及征服大海的船员与船只。帆船于我来说，就好像是儿童的涂鸦，仅仅存在于脑海却不能具象化。

年过半百后，我开始酝酿《油菜花的海岸》这部小说。故事是在江户时代的商品经济背景下发生的，主人公是一个北前船[②]的艄公。为此，我必须了解不同于西洋船的日本和船、千石船[③]和挂帆船等船型的实际情况。奈何能力有限，加之千石船与它的艄公如今已不复存在，关于它的形象，我只好单凭想象，着实费了一番辛苦。

想要了解千石船的构造以及船只操控方面的优缺点，与西洋船及中国帆船相比较是最便捷的做法。

其中中国帆船是最具参考价值的，可是却完全没有与它相关的书。虽然日本的中国研究历史悠久，可是据我所知，相关书籍确实一本也没有。

所幸，思索社翻译并刊行了李约瑟[④]（1900—1995）的《中国的科学与文明》（全十一卷）。

李约瑟院士曾经在剑桥大学讲授生物化学，通过生化学的研究他接触到了许多中国人，而且发现每一位中国学生或学者都具有卓

①1868 年，江户改称“东京”。当时汉音“toukei”与吴音“toukyou”并用。

② 北前船：江户至明治时代从事“西回海运”的运输船。“北前船”是关西的称呼。

③ 千石船：有相当于千石米载力的和式船。

④ 李约瑟：英国近代生物化学家、科学史学家。

越的科研能力。可是这一点却并没有在中国历史上得到印证。虽然古代中国创造出了在整个人类历史上都可算是顶级的伟大发明，可是这个国家却没能为近代科学提供生长的土壤。

李约瑟院士把这一近乎矛盾的现象看作一个重大课题，决心以欧洲近代科学诞生以前的十五世纪为节点彻底调查那之前的中国“科学”，并将其历史汇编成书。对此，成蹊大学的市井三郎先生在月报中以充满敬爱的口气将之称为“中年之恋”。

日语版的主编（东畑精一、薮内清）在“编者的话”中这样写道：

> ……著有《历史是什么》的历史学家卡尔对这本书的评价是“剑桥大学这十年来最好的历史著作”。同为剑桥大学的学生，卡尔的这个评价过于保守。我们认为，如果李约瑟院士能完成他的构想，那这本书就将是20世纪最好的著作。

同时，也有人认为李约瑟院士对历史的见解有些独断，不过这一点今后可以在各个领域一一修正过来。而且不论怎么说，他取得的成就为人们照亮了中国科学这片人们尚未踏入的神秘高地，这样的功绩值得一切赞誉。

书的第十一卷有关于中国帆船的描述。参与翻译的是坂本贤三（科学技术史）、桥本敬造（科学史）、安达裕之（造船史）和松木哲（造船学）四位先生。

令人意外的是，船的构造各不相同。这一点上它与人体不同。从解剖学的角度来看任何民族的人体都是一样的，可是船是不同文明、不同文化的产物，所以有各自的特点。不只是外形，骨骼、筋肉和内脏，各自的机能也都不同。相同点只是下面这几样，首先是都能浮起、能承载人和物，其次是都用船舵改变方向，最后是大都扬起船帆利用风力或是通过划桨摇橹（中日韩等国）用人力推船前行。

西洋帆船、中国帆船和千石船间虽然有相似的“部分”，但它们所发挥的作用却有微妙的，或者说全然不同的差别。这些相似的“部分”如果用和船用语来表示就会给人一种中国帆船与和船相似的错觉，而如果照搬英文术语来表示，中国帆船又会变成日本丸[①]那样有多个风帆的西洋帆船。

对此，松木哲教授（神户商船大学）与坂本贤三教授（同前）分别在月报上做了说明。

比如，英语用“keel”表示船身中类似于哺乳动物脊骨的基础骨骼，日语一般译成“龙骨”。中国帆船也有“龙骨”，可是形态并不相同。如果直接把“keel”译作“龙骨”的话，就会让读者错以为中国帆船也有像西洋那样的肋骨型骨架。这与翻译解剖学的书不同，斟酌措辞的过程十分费神。

首先，虽然表示中国帆船的英文“junk”在中国被硬安上了“戎克”两个字，但这并不是原本的汉字。据说这个发音最早是从葡语来的，所以应该是大航海时代的残留。一般认为起因是这样的——那时在东南亚一带活跃的葡萄牙人看到中国船后觉得稀奇，于是向当地的马来人打听，而马来人发音不准，错将“chuan”说成了“junku”。

① 丸：一种大型客船。“丸”是日本运输船只名字的后缀，比如日吉丸、吉野丸等。

后来按照葡语的发音习惯（比如把英语的 bank 说成 banko）变成“junko”，再后来就演变成了“junk”。从此，人们就用它来指代那些征服了大海与江河的中国帆船。

之前，我还猜想中国帆船如今应该不剩几艘了，然而待我真正乘船至江面后，却发现不论是渐渐远去的船还是迎面而来的船，几乎都是中国帆船，多年的愿望竟在一瞬间得到了满足。

下面又要讲些私事了。当年执笔《空海的风景》一书时，我不了解主人公入唐时搭乘的遣唐使船是什么样的构造，也不清楚该怎样调查。

奔赴大洋的船用海事用语来说即是“海船”，区别于内海用船和江船。

江户幕府时期是禁止建造大型船只的，千石船算是当时体格最大的船了。它虽然经常凭着一身豪气晃荡在日本列岛四周危机重重的海域，但是从构造上来讲，它不完全符合海船的概念，严格来说只算半个海船，而且出于同样的理由，它也只能勉强算作半个和船。至于遣唐使船，先不说构造，从使用目的上来看应当是海船。

可让我没想到的是，海船早在遣唐使时期以前——各方面都尚未开化的日本古代——就已经存在了。

日本古时候有专事渔业的民族。

这个民族是“adumi”，对应的汉字是“安昙”或“阿昙”。这个发音现在以地名的形式保留了下来，那些都是他们曾经居住过的近海地区。汉字的对应写法有很多，比如厚见（岐阜县）、淳见（同前）、安昙（长野、鸟取县）、渥美（爱知县）、阿昙（福冈县）、安昙（滋贺县）等[1]。根据这些地名也发展出了一些姓氏，比较多的是渥美、安积，偶尔也能见到安住。

过去安昙族使用的渔船应该就是体形不大，或者说非常小的独木舟和舢板（后来的千石船几乎就是舢板的放大版）。安昙族几乎遍布东亚沿岸：从辽东半岛、黄海沿岸、多岛海，到古代被称作“耽罗国”的济州岛，再从北九州沿岸、濑户内海沿岸到琵琶湖。他们只需要依傍岩岸捕鱼拾贝就足够生活了，没有远洋航行的必要。安昙的渔船恐怕就是和船的始祖。

据说遣唐使船能承载二百人以上，从一些旁证来看它可能是依照百济船而造的。

早在六朝时期（隋唐大一统帝国之前），百济就已经往中国派遣使船了，在这方面百济是前辈。

我在综合了各种细微的线索后想象了一下遣唐使船的构型，不是典型的和船式样。极端点说它就是一个浮在水上的箱子，或者一个巨大的盆。它的船底平直，周围贴满了木板。也就是说，它既没有中国帆船的“龙骨”，也没有西洋帆船的“keel”。

为什么日本人没有仿照中国帆船的构造来造船远航呢？这简直不可思议。

当然，在日本于室町时期到江户初期实行锁国政策的时候，由于对中贸易以及南海贸易的影响日本建造出了一些大船，其中有效仿了中国帆船构造的，甚至也有部分参照了西洋帆船构造的。不过，

---

① 各个地名的发音均与“adumi”相近。

这只是一个短暂的时期。

大坂之阵后，德川家康颁布大船使用禁令，将各个大名的大船集中到淡路岛悉数烧毁。由此，千石船便成了体格最大的船（偶尔也有更大的）。

家康还为了防止船远航，规定每只船只能有一根桅杆、一张船帆。在这样的政治决策下，曾经出现过的和船和多帆船全都消失了，人们不得已造出了千石船。这种形式的船其实就是放大了人们在沿岸使用的渔船，又在原来的基础上加高了船舷，结构敷衍。它甚至没有甲板。甲板可以保证船的水密性，即使浪头涌上甲板水也不会浸入船身，它使船体构造更加向樽与桶靠拢。而没有甲板的千石船无异于大敞口漂在水面的木碗。

我是要跟大家聊聊中国帆船的。不过，因为需要对比，所以在上面提到了和船。

中国帆船倒是有甲板。从照片上看，它们间隔很大，与西洋帆船那种几乎没有间隙、逼仄紧张的感觉不同。虽然有些简陋，但也算是有甲板。而且，它还有西洋船不具备的一样优点，那就是船的外壳设有多道隔墙。隔墙不但使船体更加坚固，还让它具备了更好的水密性。

大家可以想象一个方形盒子，而上面所说的隔墙结构就好像是把多个方盒子捆成一列。虽然船员因此不再能于船舱中自由穿梭，不过单就坚固这一点来说，它比之"keel"也毫不逊色。

# 31 戎克的远征

人们从远古时代起就将船——尤其是自己的船——看作自身的某种异化态，因此更觉得比鸡犬等家畜要亲近。

到了近代，相比自己的船，人们更能从国家的军舰上感受到人格的存在。

我也同样能感受到中国帆船的人格。

李约瑟在介绍中国帆船的防水隔墙系统时用了这样的表述：

> 这是区别于世界上其他所有传统船只的基本特征……

这句话同样适用于中国帆船本身。

欧洲文明与中国古代文明相距甚远。诞生于中国文明的帆船不惧波涛汹涌迎风而上，想必不论谁看到那样的身姿都会觉得那就是中国文明本身，是这个概念化身为某种生命遨游海中。

我之前虽然说几乎没有（尤其是日本）关于中国帆船的书，但我忘了手边的这本《戎克——中国的帆船》。它是一部古老的书，刊行于 1941 年，没有作者署名（编辑是小林宗一），发行所是中支戎克协会（上海平凉路一七五号）。据此几乎可以断定它是在日本帝国主义时代背景下刊行的。上面的“中支戎克协会”应该也是上海的某个日本机构授意成立的。不过书中内容详细，也不是不能拿来参考，甚至有几处可能曾对李约瑟院士的中国帆船研究产生过深远的影响。

作者自然是船舶专家。他的描述虽然完全出于科学的态度，但有时我也能从他的文字中感受到他把船视作一个生命，赋予了其人格。



> 吾观中国戎克印象最深者，一乃其船式古老，二乃船身所绘鱼目等奇异饰画。二者既令吾得以窥见古代文化之样貌，又令吾痛感被世界文化所弃之孤寂可怜。

能感受到这份由爱而生的痛楚，就说明作者此时已然发自内心将船当作人来看待了。不过抛开对其外观的痛楚，作者在分析船体时始终带有敬意。

> 戎克为古代船式，其形极简，然则立足于过往经验以实用为本，一应作业力求轻省易行，坚固异常。
>
> 船体主力依防水区划之多寡而设计。观其用途（注：可能是造海船），防水壁材取厚而坚者为用，以枘穴（注：插装木质结构时一方端部的凸起称为枘，另一方端部的凹陷称为穴，枘穴即用来插枘的穴）紧扣于横梁，呈箱型延

至船底，亦可佐横梁之强。

船体骨架极强韧，肋材[1]穿过地甲板与船底两侧枘穴坚实相接，更有加固船体之效。因不用龙骨，船身最低处乃平底，故修理简便（注：只有江船为平底）。

也就是说，虽然在建造中国帆船的过程中充分活用了过往的力学经验，但它仍然近乎一个箱子。

所以它的船体不同于和船、西洋帆船以及现代船舶，不利于劈开浪头高速前行。不过这就是中国文明的基本气质，比起过分追求不必要的速度，他们更注重安全。平底船的好处是即便不幸搁浅也不会出现如和船与西洋帆船那样侧翻的情况，它只是暂时动弹不得，等涨潮后便能恢复如初。

比和船与西洋帆船设有更多的防水墙这一点也是中国人防御思想的科学体现。因为有防水隔墙的存在，即使船于航行中遭遇事故导致海水流入，也能将其控制在某几个隔墙内从而防止更大面积的进水。这样的构造在现在的一些船舶中也能见到，不知是受到了中国帆船的启发还是纯属偶然。

戎克造船数千年皆依一法，未有明显改良与进步之处。世人常说，论从古至今之技艺无更比中国人独立者。今见戎克，方知此话非虚。

① 肋材：如肋骨般弯曲的建材，用来做出船底与两舷的形状。

但这绝不是说中国帆船已经落后于时代变得一文不值了——书里接着写道。正如上述引用内容所说的那样，它的构造有其优越之处。

沿着甬江下行，我发现河畔有近代的钢铁造船厂。远远望去，船坞上架着一艘正在建造的中国帆船。

“也不必非把帆船架到那么高的船坞上造吧。”我一面想着，一面又凝神去看，这才发现原来那是一艘装有现代装备的钢铁船，只是外形与中国帆船别无二致。可见中国人有多么执着于这种在他国人眼里笨拙的外形。

中国帆船最初形成于江河，而不是大海。据说是在长江一带发展起来的。有一说认为它是在巴蜀之地（今四川）诞生、发展起来的。如果是这样的话，那它与古代泰语系的少数民族就颇有渊源了。



《史记·张仪列传》中记载了一些相关的时代背景，据该书说，浩浩长江上的船舶运输早在公元前就开始兴盛起来。

张仪是战国时期的外交家（纵横家），凭三寸不烂之舌游说四方。接下来要讲的就是他得信于秦王，前去游说楚王时的事。

不过在那之前我要先交代一下巴蜀之事。那时它刚刚成为秦国领地。

秦国地处偏远，在中原六国的眼里无异于穷乡僻壤，民族中也可能混有羌族。

而巴蜀即便在这样的秦国眼里也是蛮荒之地，人们当时称巴蜀人为“戎狄”。至今那里仍有很多少数民族。后来秦吞并了巴蜀。巴蜀之地潮湿多雨，位于长江上游水量充沛之处。

带着秦国相印的张仪远赴楚国游说楚王。楚国占据着长江中游的广阔稻作田地。张仪首先向楚王说明了船的可怕。

“还请大王不要忘了秦国已吞并西方巴蜀之事才好。若秦此时建造大船，令每船载五十人之兵，囤三月之粮，从汶山（也作岷山，主峰位于四川省境内）发而驶入长江，则距楚不过三千里。”

从张仪的这番话中不难看出，四川过去（现在也是）树木茂密，建船很容易。而且“戎狄”可能具备造船能力与驾船能力。张仪不仅告诉楚王也告诉今天的我们，秦楚虽相距甚远，但倘若利用河川的话这点距离根本不在话下。

张仪接着威胁道：“不出十日即可直抵扞关（今湖北省长阳县西，楚国曾在这里筑起巨大的关门）。”

张仪是权谋家，长于口舌之辩，应该并无水军之能。但他说出的内容却包含着地地道道的水军观点。把船作为“水军”力量而大量集结以做军事用途的这种思想，我想那个时代应该还没有。

从这个意义上来说，长江对于中国船的确立是十分重要的，而且四川这个内陆省份也是中国帆船史研究中的一大课题。

汉武帝时期云南与汉朝关系渐渐恶化。据《史记·平准书》记载，武帝大修昆明池（云南昆明之地即得名于此）以做宫廷园林之用，又建造了用于战斗的楼船（船上建有两层的高楼）放入池内。船高十余丈，战旗飘扬其上，蔚为壮观。

到公元前建造楼船为止，中国的造船技术还是进步了的。

汉武帝时期，漕运兴盛。人们利用船向帝都所在的关中运输从各地征缴的粮食。虽然这一阶段中国的商业贸易也大范围活跃起来，并由此推动了江船的发展，但主要还是运输谷物的需求使船得到了广泛的利用。

我猜想，通过江河搬运粮食的中国船是从唐宋开始转而向海洋进发的。唐朝时期，阿拉伯商人远渡重洋来到中国，极大地激发了中国人的贸易热情，想必其影响十分深远。

此外，我还认为从骨子里执着于“文化独立”的中国人应该没有在造船方面受到什么大的影响。“船有我们自己的就够了”——大概就是这种气概。

尤其自宋朝以后，中国渐渐有了在自己的文明中故步自封的倾向，甚至可以说这是一种文化自律，所以中国人拒绝吸收造船经验也是很自然的反应。



不过，船只操控与航海方面的技术中国则广泛吸收了来自国外的经验。“市舶”这个词也诞生于唐宋年间。

市舶主要指外国的贸易船，有时也指海上贸易。处理相关事务的机构也随之诞生。一直以来局限于内陆的中国历史从此开始展望海上，到了明代，还完成了郑和下西洋的壮举。当时海上远行的船队就是由数艘中国帆船组成的。这场远航前后共计七次，历时约二十八年，遍访南方三十余国，最远到达了东非。

关于此次远航的目的众说纷纭，但大致就是为了扩展明朝皇家贸易的范围。不论怎样，对于一个从来对海心怀恐惧的文明来说，这一时期虽然短暂却也具有划时代的意义。

领导了这次航海的郑和并不是汉族人。

他出生于云南，以宦官身份入仕朝廷。过去常有贫贱之人为了食官禄而自断男根成为宦官。恐怕郑和也是如此。

郑和祖上世代信奉伊斯兰教，其父名为哈吉[①]。我们此行的最后一站就是云南省。当我们在可以望见滇池的山上踏入一座古道观时，带路之人遥指湖岸对我们说：

“虽然这里被山挡住了看不到，但比那湖岸还要西的那边，就是郑和出生的地方。”

我这才知道郑和是生长在水边的人。

郑和——这位让全世界记住了中国帆船的大功臣，他的名字，我不会忘记。

① 疑作者之误。“哈吉”为阿拉伯语音译，意为“朝觐者”，是尊称。

眼珠 32



在陆地上住得久了，思考也会变成“内陆式”的。1546 年之后，葡萄牙船出现在九州的萨摩与丰后。对此，记录此事件之人也只是如编年表一般生硬地写下了“葡萄牙船至”。至于船是什么样的构造、用了什么样的航海技术跨过大洋、船员们又经历了哪些痛苦与喜乐，全然未提。

日本历史上发生过一次名为“铁炮[①]传来”的大事件。

1542 年（日本天文十一年，也有不同说法），一艘大船漂至种子岛[②]，据说步枪就是这船上的两个人带来的。船主也在船上，他叫王直，是中国人。那船其实就是中国帆船，但可能出于陆栖意识的影响，记录者和当时的岛民一样并不把船的事放在心上，全部心思都集中在得到的步枪上。

---

① 铁炮：意为步枪。

② 种子岛：位于日本鹿儿岛县南部、大隅半岛以南海面上。十六世纪枪炮最早由该岛传入日本。

我不清楚的不只是中国帆船，还有江户时代通称为千石船的大型和船。

年过半百后，我为了解除这一疑惑，开始查阅资料。

随着对和船的了解慢慢加深，我脑海中江户时代的日本样貌也为之一新。就仿佛在没有电视的那个时代，土生土长的乡下孩子第一次来到东京，看到了眼前令人震撼的都市生活那样。那以前，我一直满不在乎地认为，自己身为日本人对江户时期的样貌肯定还是知晓一二的。后来才恍然发觉，那不过是错觉罢了。

目前专门研究和船的优秀学者很少。

他们成立了日本海事史学会（会长是南波松太郎）。它是个不起眼的学会，每年刊行两期《海事史研究》（东京都中央区新川1-23-17 马林大厦七层）杂志，累计发行了三十七期。读过这些杂志后，我心下纳罕，和船史的研究应该算是江户研究的主流，可为什么连一个学会的存在感都如此薄弱呢？

对此，其中一位会员、神户商船大学的松木哲教授不无讽刺地说道："可能是因为人们本来就视船员为陆地之外的存在吧。"换个说法就是"因为日本人多半都有陆栖意识"。日本人确实倾心于内陆的生活，也绝不会说自己是大海的子民，在他们眼里，去闯荡大海的都是不知天高地厚的怪人。江户时期去海上的人，要么是一些从吃不到粮的深山或旱地跑出来的孩子，要么是生于稻作农户但因为不是长子而被迫另谋生计的年轻人。

也就是说，他们是极少数。可就是这样一些人，对于江户商品流通的促进以及文化的传播却有着不可估量的贡献。

一年夏天，学者们在兵库县西宫市的戎神社内举办了日本海事史学会研讨会。虽然现在的人们把戎神社看作一个祈福神社供奉着，但在过去它是渔民心中的神圣所在。

神社外围的围墙有桃山时代的风韵，它的豪壮与京都东寺的围墙不相上下。虽然它现在离海滨没有过去那般近了，但那蜿蜒流淌的海沙填满了墙体，那向地而生的古松也仿佛又让海滨的劲风重现眼前。确实，这对于海事史学者们来说是再合适不过的去处了。松木哲先生也参与了当日的研讨会，他不厌其烦地回答了我许多关于和船的朴素问题。

当我的思绪飘到西宫戎神社上时，我们的船仍然漂荡在甬江上。看着前后左右架着风帆的中国帆船，我不禁心生感激，这对一个普通人来说是何等的奢侈。连日本的大部分海事史学者都没有机会亲眼见到中国帆船。

我又想起了千石船，这种江户时期大型船的代表。它一次也没有涉足过东海海域，更别提在宁波港露面了。理由很简单，无非是日本的锁国政策。

江户时期禁造大船的政令抹去了在那之前频频登场的海船（有类似于西洋帆船的特点，也有与中国帆船的相似之处）的身姿。可以说正是这条禁令催生了这种大型和船，它巨大的风帆仿佛要压折桅杆，船舵大得简直滑稽。千石船是日本锁国的象征，是内陆意识的社会产物。

大的千石船可以超过一百吨，但它依然不能算作海船，尽管它有时承受的海浪比大洋上的还要凶猛。

一般来说，北前船会在晚春时期从大阪湾出发，它绕过下关，渡过日本海，去遥远的虾夷地①装上货物后便像惧怕秋日降临似的迅速返程。江户后期的航线扩展到了千岛列岛。

普通海域虽然不比大洋，但航行中面临的挑战也一样艰巨。为了抵御北方海域的惊涛骇浪，人们在船的构造方面下了许多功夫。石井谦治先生是和船研究的领跑者之一，他曾怀着对和船满腔的深情说过这样的话：

“在政府出于政治目的规定的各种制约之下，能做到这种程度已经非常了不起了。”

简言之，这是艘好船。他可能还为这样的江户大船没能在宁波人面前亮相而感到惋惜。清朝的船在江户时代于长崎亮过相，日本人对此有印象。荷兰的船入港时放炮，中国的船打太鼓。只要听到那太鼓的敲击声，整个镇子都会沸腾。对于以贸易为生的城镇来说，每一艘贸易船的驶入都会给镇子的角角落落带去收获。如果我们的千石船也曾在宁波甬江上露出它优美的身姿，想必也会被当时富有才情的人写进诗里或画进画里吧。

结束锁国进入明治时代的日本人，是在什么时候第一次乘着本国的船驶进了这宁波港的呢？

暂且不管是明治哪一年，总之日本人开来的一定是蒸汽船。这在中国的宁波与上海等地看来实在太奇怪了：安土桃山时代或者说江户初期以来首次到访中国的日本人竟然是西洋风格的！

---

① 虾夷地：是日本江户时代对于虾夷人，即今日阿伊努人的居住地的称呼，与大和民族居住的“和人地”相对。特别指北海道。

虽然新中国成立以来中国发生了巨大的变化，但从清末到新中国成立以前，中国把西方称为“洋”。比如过去把火柴说成“洋火”、水泥说成“洋灰”、沥青说成“洋灰砖地”、步枪说成“洋枪”，而西洋帆船和蒸汽船都说成“洋船”。

清朝末期，一部分思想先进的官员发起了洋务运动。他们建造工厂，建立现代海陆军队。但归根结底，“洋务”的主要目的还是建立海军。然而这支军队到 1894 年就溃败了，历时不过三十五年。

总之，当时在宁波和上海的人看到日本人竟然开着洋船，感到不解。日本怎么可能是“洋”呢？明明都是亚洲人，这不是自相矛盾吗？

随着中国人渐渐看惯了日本的“洋”，就把日本船称作“东洋船”了。仿佛在说，“那船‘洋’是‘洋’，但是东边的‘洋’”。之后民众又困惑地看到了身穿西服脚蹬皮鞋的日本人，于是这回他们对日本的印象变为了“虽然都是‘洋’，但他们不是‘西洋’，是‘东洋’”。日语中意指亚洲或东亚的“东洋”，汉语中自然也有，然而上面所说的俗语中的“东洋”却有不同的意味。后来，“东洋鬼子”发展为对日本人的蔑称。意思是“身着洋服、手拿洋玩意儿的蠢货”。当然现在已经不这么说了。友好往来自是一个原因，但本质来说还是因为中国自身也已经变“洋”了。

这就是“洋”字背后承载的历史，而我们现在就在“洋”船上。其实现在“洋”已经被“现代化”和“现代的”所代替，与废词没两样了。我们站在柴油机的甲板上，眺望着成群的中国帆船，它们是一点儿也不“洋”的。

由于在我们"洋"的视角下对方是不"洋"的，所以中国帆船越发显得古怪了。毋庸赘言，这只是心理上的感觉，与中国帆船的本质毫无干系，它是招人喜欢的劳动能手。

中国帆船上有一副眼珠。

船头的两侧，刻着如鱼目一般的巨大眼珠，是彩色的。

"若是没这对眼珠，船就会迷失方向。"也许是出于这个理由。

看到船在波涛里向前跃进的身姿，仿佛它真的是因为那对眼珠才能如此安全地移动的。这不是证明船有生命的最好证据吗?

另外如上文中描绘的那样，有的中国帆船在船尾也画着奇妙的脸，不过我们没有在甬江见到。也许那样的脸已经消失于现代化的进程中了。

甬江上处处能看见眼珠。

安德烈·马尔罗①年轻时写过一部名为《征服者》的作品。作品以他二十二岁时（1923年）在亚洲旅游的所见所闻为基础。书中有这样一个情节，即六个参与革命运动的秘密社团成员在香港抢了一艘英国港督府的小型蒸汽船。但他们夺取船后为了做某件事竟让船停下了整整四小时之久，最终被巡逻的英国警备艇捕获。所谓的某件事，就是从老式的中国帆船上取下一只眼珠再把它安到抢来的蒸汽船上（他们好像提前准备了另一只眼珠）。

这是《征服者》里一位名叫杰拉尔的香港通讲的故事。他是为了让形同于马尔罗分身的主人公了解当地的情况。可显然，主人公

① 安德烈·马尔罗：法国小说家。

一时间难以领会。

“我不是很明白……”

“有了这只眼珠，船才能走。如果只有一只眼珠的话，肯定会触礁的！”

“这样啊……”

“吃了一惊吧？我也一样。但确实如此……我跟您说，就连那最正经、最值得信赖的社团也是一瞅准机会即刻就出手呢，就为了取那一只眼珠！”

马尔罗在《征服者》里对亚洲的描绘受到了一部分欧洲优越感的影响。也就是说，对于拉拽着古文明而生的亚洲人，他在某些地方有一种猎奇的倾向。所以亚洲人并不觉得这个故事反映了中国半个世纪以前革命者的真实情状。然而，作者在《征服者》故事开篇首先刻画了船之眼的故事，并希望借此向读者介绍亚洲风貌。可见，作者本人对这件事也是极为震惊的。



关于中国帆船的眼珠，松木哲教授告诉我，这个风俗“应该是从中国南部（华南）传到了东南亚”。

松木教授认为中国帆船起源于长江中游。而印度尼西亚近海地区的船运从很久以前起就得到了发展，这里的船可以跨过印度洋到达遥远的马达加斯加，古代船运的盛况可见一斑。也有人认为华南是受到了“古代印度尼西亚近海的船舶文化”的影响才建造出了中国帆船。

而眼珠一事的源头也有人认为应该在东南亚。

前面说到的《戎克》一书里有“眼眸雕刻”这样一个小节：

> 印度船舶与中国相同，其间多有古代形式，且船首两侧多绘以眼眸之纹，甚为有趣。
>
> （中略）
>
> 眼眸之纹（或者雕刻）自印度而渐东，传至中国，戎克之船舷必有之。

李约瑟院士的《中国的科学与文明》对眼珠一事虽有所提及，但所涉不多。

从插画中看，古希腊也有“安”了眼珠的船，据松木教授说：“在欧洲，从爱琴海、葡萄牙到比斯开湾沿岸都有船装眼珠。”

教授还说，从印度的船曾经也有眼珠花纹一事来看，在这一方面东西两边可能也曾有过交流。不过他紧接着也表达了怀疑：“给船安上目视前方的眼珠这事，谁都能想出来，所以也可能是各地偶然产生的结果。”

总之，中国帆船既然至今仍保留着眼珠，就说明传统对于中国人的意义非同一般，而单从装饰本身来看的话，这也是一种无声的幽默。日本也有许多小型渔船被冠以金昆罗丸、住吉丸等海神的名字。这些都是他们对于海上生活的感情流露，不应被在陆地上生活的人简单地称为迷信或陋习。

# 33 铜钱时代



平清盛[①]（1118—1181）无疑是日本平安末期执牛耳者也。

虽然他在世时就有传言说他是天皇的私生子，但他总归是以平忠盛子嗣的身份继承了其家业。忠盛是当时日本地方势力的一大代表，伊势[②]是平氏家族的根基。

自忠盛那代起，位处荒山僻壤的平氏家族就积极地开展对宋贸易，并且因此将大量的铜钱收入囊中，还经常阔气地将它们赏给宫中的眼线。这与支配着农民势力的东国源氏的作风大相径庭，源氏一族眼里唯获取大米与提升军事实力二事而已。

在这里我们不应该戴着有色眼镜用传统意义上的道德观念去批判铜钱。铜钱是新的文明观，是那个时代本身。

平安朝一改历史上积极铸钱的作风，上上下下对钱都很淡漠，

---

①平清盛：平安时代末期权臣，日本历史上首个军事独裁者，武家政权的鼻祖。势力范围主要在西日本。

②伊势：日本本州中部城市，位于三重县志摩半岛北侧。

即便铸了，也净是些灌了铅的粗劣制品，到中期以后货物交易就不用货币，而改用米与丝绸了。

在这样的时代里，忠盛带领的伊势平家突然对铜钱这种货币开了窍，并由此奠定了清盛执掌政权的基础。

所谓的铜钱毫无疑问是宋钱。它们被装在开往中国或日本的船上。

日本并不是孤立存续的。中日贸易的出现，与大宋发达的商品经济（货币经济）是分不开的。宋代商品经济的繁荣达到了中国历史上前所未有的高度。

比如说人们会将生产出的茶叶作为商品卖出，而铜钱在这个过程中承担了媒介作用。因为阿拉伯商人喜欢中国的陶瓷器，所以陶瓷器产业也日益壮大起来。陶瓷业得以发展壮大一方面是由于那时已经开始使用煤炭燃料，且开发出了高温火炉。另一方面是由于宋代各行各业分类异常细化、齐头并进，这也是宋代的一大特征。

在这样的背景下，宋朝产能过剩，不得不寻求其他的买主：日本客官哟，您看看大宋这稀罕的青瓷、灵验的中草药，还有那绸缎和书籍，不来一点儿吗？

就这样，宋代的商人率先向日本发出了贸易的信号。

不过一开始，日本对此无动于衷。日本是一个以庄园[①]为中心发展稻作经济的国家，人们没有余力购买宋船运来的商品，也不大想买。再加上没有将商品囤积到港口的商人，所以日本更没有借此机会对

① 庄园：庄园制度是日本封建社会中期的土地制度。庄园指八世纪后半叶至十六世纪末分布于日本全境的贵族、寺院和神社等豪门的私有领地。

外出售商品。

朝廷间的官方贸易也大抵如此。宋船在设着中央政府的九州有停靠点，那里的相关业务由专管外交事务的大宰府①来对接，但它的反应起初也很淡漠。

到了平安后期，大宰府才渐渐习惯了朝廷间的交易。

从大宋而来的贸易船也很积极。我想他们一定不住地吵嚷着："金子，拿金子来！"中国货币里最有话语权的当属白银。而至于黄金，中国过去几乎不生产，更别提把它用作货币了。

相较而言，日本能淘到的黄金就比中国多很多了。开采矿山、提炼金子的技术平安时代自然完全没有，那时的黄金主要是从河川里淘来的。而所谓的炼金就是把淘来的沙金②熔化了再凝固。

当时，日本国内能淘到沙金的是陆奥国③。其境内主要淘金的地方都位于北上川④流域，比如气仙郡（今岩手县）、东磐井郡（同前）、本吉郡（今宫城县）等。

众所周知，平泉藤原氏⑤三代之所以能在平安后期尽享荣华富贵，靠的就是手中的北上川沙金。

在那以前（至少持续到了平安中期），黄金只是作为一种具有



① 大宰府：公元七世纪后半叶设立于日本九州筑前国的地方行政机关。

② 沙金：指山体中的岩金被河水冲刷、金与石英矿脉分离而成的金。因这类金多细微如沙，故称作沙金。

③ 陆奥国：日本古代的令制国之一，又称奥州。北临津轻海峡与虾夷隔海相望，东临太平洋。

④ 北上川：流经岩手县和宫城县，是日本东北地方最大的河流。

⑤ 平泉藤原氏：又称奥州藤原氏，是1087—1189年间在日本东北地方以平泉为据点的豪族，始祖藤原赖远是藤原秀乡的子孙。他们在当地经营庄园扩张势力，并以沙金与北宋进行贸易，发展出了独特的平泉文化。

特别价值的金属被用在佛像和寺庙的建造以及绫罗绸缎的编织等工作中。没有人会把它当作交换奢侈品的媒介。

叫嚷着“拿金子来”的宋船向他们明示了金子的另一种用途——贸易。为此，都城的贵族们为了通过大宰府入手舶来品，就需要先搞到黄金。

在关于源义经[①]的传说（《平治物语》等）中有一个被称为“贩金吉次”的奥州人物。据《平治物语》描述，每年冬天，他都会拿着沙金去都城。1174 年，吉次结识了被托养在鞍马寺的牛若丸，并秘密地把他带到奥州，投奔至藤原秀衡[②]麾下。

虽然历史上不一定真有吉次其人，但是从奥州到都城贩卖黄金的人是确乎存在的。这也说明都城的贵族对黄金的需求着实不小。如前所述，贵族要黄金是为了同大宰府交易，据此也可以推测出黄金原是宋朝商人的要求。

平清盛的父亲平忠盛在世时，掌控着濑户内海沿岸的主导权，世代居住在海滨岛屿且时常威胁海上交通的濑户内水军也被他牢牢按在手里。忠盛对海上贸易这种积极的态度后来也传给了清盛。

忠盛掌权时，一座名为神埼庄的庄园坐落在今佐贺县神埼町（佐贺市以北二十里）一带。那里并不由鸟羽上皇[③]直接管辖，而是由忠盛出任院司代为管理。那时，有明海在神埼町左近深深弯入内陆，

---

① 源义经：河内源氏的栋梁源赖信的后代，源义朝的第九子，幼名牛若丸。在源平合战中战功彪炳，但也因功高震主为同父异母的兄长源赖朝所猜忌，最终兄弟反目成仇。

② 藤原秀衡：奥州藤原氏第三代当主。

③ 鸟羽上皇：退位的天皇，太上天皇的简称。“院政”时期，政治实权握于太上天皇而非天皇之手。

所以那里也是附近船舶的一个停靠点，而现在的神埼已经变为辽阔的平原了。

忠盛将开往大宰府的宋朝贸易船私自拉至神埼港交易。虽然这毫无疑问是违法行为，然而他向外宣称这是鸟羽上皇的旨意，因此强行把船引了去，最后赚得盆满钵满。

平氏势力在清盛掌权时期迅速发展壮大，这不仅仅是因为平氏有占据了半个日本的知行国[①]和总数超过五百的庄园，更因为平氏通过对宋贸易敛取了数不尽的财富。

清盛在今天的神户市设置了福原港口，让宋船停靠。于是滞留在博多的宋船从濑户内海长驱直入，在今天的大阪湾一隅抛锚卸货。这对于身处京都的贸易巨头平清盛来说，无异于停在了自家院子里。他对贸易的热情一直持续到他晚年主张迁都福原京之前。正因为平氏控制了海滨岛屿的水军，宋船才能在濑户内海无忧航行。

总之，这一时期大量黄金从日本流入宋朝，而数不清的宋钱也同样流入了日本。

我可以断言，宋人从日本入手黄金，是为了把它交给来到大宋的阿拉伯人。

黄金在中国历来便宜，而在包括阿拉伯在内的西方则价格高昂。阿拉伯人来中国最大的目的就是得到黄金，而中国商人则为了同阿拉伯人交易最终来到了日本。

这也意味着，日本只是凭借着黄金的生产便毫不费力地加入了

① 知行国：被朝廷将知行权授予皇族、贵族或者社寺的地方。有知行权的人负责当地“国”务，可以获得该“国”收入的大部分。

世界贸易圈。

宋船不仅装了商品，还带了许多铜钱。

如果阿拉伯商人知道他们手里的黄金是经过这样的交易得来的，也许会想："日本人可真蠢。"当时的日本人并不懂得黄金的珍贵，比起失去的黄金，他们更乐意享受沙金换来的珍稀舶来品以及大量铜钱带来的无上幸福。毕竟，沙金只要在奥州的北上川里淘一下就能得到。

财之荣华，譬如朝露。

当时，庄园经济占据了日本经济体系的百分之九十九，商品经济几乎不存在。所以，清盛的思想是前卫过头了的。他死后，平氏终究败给了兴起于东方的农民军源氏。

如果清盛地下有知，也许会说："老夫不辞辛劳远赴波水岸（福原港）收下顺流而下的铜钱，没承想最后却被一身马尿味的农民从背后摸了过来。"

我们必须承认，宋钱能流入日本，清盛发挥了不可忽视的作用，这件事本身也极大地刺激了日本。它向一直以来依托于农业生产的日本经济注入了商品经济的新活力，使其产生了结构上的变化。最终，镰仓时期和室町时期进入了商品与货币（主要是宋钱、元钱、明钱）的新时代，并在日本历史绘卷上画下了宏伟篇章。

随着经济体制的改变，人们变得更加理性，或者更加倾向于在形而下的欲求中寻求刺激，二者相互杂糅，催生了新的日本文化。室町时代的辉煌尤为如此。

庭园、数寄屋[①]建筑、壁龛、茶道、猿乐[②]、能乐[③]、幸若舞[④]以及祇园祭[⑤]之类的盛大的祭祀文化。所有这些都是日本文化再出发的起点，而它们都是室町文化的产物。

货币经济是它们的基础。铜钱虽然是中国的，但文化不是。室町文化与中国文化无论“外形”还是“内里”都大相径庭。

说一千道一万，这种几近伟大的刺激正是被装在船上运来的。

“新安”是韩国的一个地名。隶属韩国全罗南道的木浦市，位于黄海沿岸，这里的多岛海许多年来一直是航海船舶的避风港湾。

据说新安郡智岛湾（俗称“新安湾”）的海面下沉睡着曾经沉没的古代贸易船，所以渔民捞起的渔网上常常会挂着陶瓷碎片。

而有一天，一起被捞起的还有一只凤凰耳的青瓷花瓶。几乎一样的东西在日本则被奉为国宝。韩国得知此事后，立即从国家层面着手实施捕捞作业。那是二十世纪七十年代。

在其后续事业的发展与研究方面，韩国文物界立下了卓越功勋。

抛开无数的铜钱不算，光从海里捞出的陶瓷就有一万两千五百件之多。这些文物如今都保存在光州博物馆里，价值难以估量。

1981 年 9 月，来自东京的十数位优秀的古代美术品商人在首尔



---

① 数寄屋：运用茶室建筑手法建造的建筑。代表是由千利休设计建造的“待庵”。

② 猿乐：日本中世表演艺术之一。能乐和狂言的源流。

③ 能乐：最具有代表性的日本传统艺术形式之一。就其广义而言，能乐包括“能”与“狂言”两项，前者是极具宗教意味的假面悲剧，后者则是十分世俗化的滑稽科白剧。

④ 幸若舞：室町时代流行的一种伴随说唱的舞蹈，很受战国武将的欢迎。

⑤ 祇园祭：日本京都每年一度举行的节庆，整个祇园祭从 7 月 1 日请吉符到 31 日的疫神社夏越祓祭，长达一个月。

国立中央博物馆看到了那些形形色色的海底沉睡品。对此，著名古陶瓷鉴赏家中岛诚之助先生用出色的文笔在 1982 年 2 月号（62 号）的《目之眼》中记下了他的所见所闻。这里摘取其中的一部分：

> ……这些瓷器保存完好，几乎没有划痕。青瓷表面闪耀着璀璨的光芒，仿佛才从冒着热气的窑里搬出来似的。

海底文物之事，暂且放一放。

据了解，那艘船是中国帆船。

甚至关于它停靠的港口也有了些眉目。在 1978 年的第四次调查中，人们发现了一个手心大小的秤砣，上面刻着“庆元路”三个字。“庆元路”是元代的叫法，它其实就是指我们现在沿甬江乘船南下的地方——宁波。

起初，比起文物我就对那艘船更感兴趣，甚至还剪下了报纸上的相关记叙。像我这样的怠惰之人，这样做实属少见。据记载，船的结构同中国帆船惯有的类型一样，里面用隔墙隔开，分成了七个房间。船有两根桅杆，船身全长三十五米，宽八到九米，船舱深三到四米，按今天的规格来看，相当于二百吨位的船。这在当时也是不折不扣的大型中国帆船了。

此船的目的地是日本。因为它载满了日本渴求的铜钱、青瓷和白瓷。

当时，朝鲜半岛正处在高丽王朝的统治之下。当时的高丽王朝禁止对中贸易。从文物中只有三件高丽青瓷来看，中国的船舶可能只是在高丽王朝的都城开城中途停靠而已。而那三件瓷器也不是用来交易的。韩国方面的某位值得信赖的学者认为，船员们只是拎着该瓷器上岸打酒，待盛满酒后再把它拿回船里。

毋庸赘言，开城就算没有政府承认的公开交易，但那些不足以触犯国家禁令的小买卖一定还是有人在做的。那艘船里还装了一些高丽人喜欢的南方肉桂（香料）。

国家不同，对瓷器的喜好就不同。比如，船上虽然载了很多铁斑纹白瓷，但是日本人好像对此全无好感，直到今天日本也没有这种东西。然而它在菲律宾各岛却大受欢迎，所以这艘船平时可能是先载着铁斑纹白瓷去菲律宾各岛贩售，然后再从那里买回要卖给高丽人的肉桂。这些不是我自己的推测，只是借用了印在报纸上的智慧。

从它装的货来看，这船大概是元代的。

在中国的宋、元、明时代，日本市场对中国的贸易船来说是非常有吸引力的。人们从这艘沉船中发现了七件可能属于日本人的物品，其中有一样是日本刀的护手。有人推测它是某个日本水手的，但按照常理，它更有可能属于某个在宁波上船的日本乘客。当时坐在这艘船上的可能就有禅僧和某些富豪（主要是在贸易中谋取了暴利的商人）的伙计。

总之，从镰仓到室町，不断刺激着日本经济的贸易船就如同要给历史做证一般，出现在了韩国的新安港，这对日本历史研究的意义是巨大的。

# 34 天童山

我们的港监五号顺着甬江来到了海上。

舟山群岛就散落在这片海面上，据说大大小小的岛屿不下几百个。我们能看到离河口最近的金塘岛。岛上有个渔村盘在角落，成群的房屋肉眼可辨。

舟山群岛仿佛要庇护杭州湾不受风浪侵袭似的横在海中央。从日本出发的帆船从遣唐使时期起，就把它当作路标，有时也依傍它躲避海难。

在我们周围行驶的中国帆船大多属于住在舟山群岛的渔民。他们把从海里捕获的鱼装在船上，沿着甬江开到三江口卸货。也许他们把船清空后,会到宁波的镇子上走走看看,买些蔬菜和日用品回去。

日近黄昏，船扬起褐色的风帆匆匆向着夕阳远去，留下一个黑色的影子供我们眺望。出自中国诗句的“归帆”用在这里真是再合适不过了。诗人们的情感就像发丝般柔软而纤细。

随着港监五号在海面上画了一个大大的半圆，我们开始溯流返航。

调转船头后，迎面而来的归帆更多了。

港监五号掀起海浪，中国帆船的“浪尖之舞”比先前我们顺流而下时看到的更热烈了。

也许船上的人对此不甚满意，但是船本身却跳得不亦乐乎。“如果换成过去的和船，应该不能这样跳吧。”我下意识地想。

和船的外形与现代船很像。中国帆船的俯视图近似长方形、剖面图近似倒梯形，而和船的顶视图似菱形、剖面图似倒三角形。另外，和船从侧面看上去，船底几乎是平直的。

与此相对，同一角度下的中国帆船的船底却如弓一般弯曲。可能就是因为这个弓形的船底，中国帆船才能沉浮于浪尖快乐地起舞吧。

回国后，我请教松木哲教授这个不专业的推想是否正确，得到了肯定的回答。

松木教授给我看了一张缩略图，那是一种“首尾翘度较大的船”。从图上看，船底虽然是平直的，但船的头尾均向上翘起。教授说：“如果船的尾部是向上翘起的，那么即便被海浪推到角度极大的浪尖，也只会平缓地摆动，因此被浪打到的可能性不大。”

不过，中国帆船根据地域与用途的不同也有各式各样的。据教授说，中国也有像和船那样只翘起船尖的船和头尾均不怎么上翘的船。

但是一般来说，常在波涛汹涌的海洋上航行的船翘度都很大。

至于从我们身边经过的那些舟山群岛的中国帆船，从它们雀跃于浪尖的样子来看，一定也为了驰骋海上而加大了翘度。

“道元也是这样从海口入甬江的吧。”

须田君很崇敬道元，脸上藏不住的兴奋。仿佛他现在正亲身坐着镰仓时代的日本海船，朝着三江口进发呢。

“明天终于要去天童山了啊。”须田君又提醒说。他虽然不是个多虔诚的人，但他自己的抽象画理论就是在五十年代受到道元思想的影响后构建起来的。天童山是如净①曾经住过的地方，这里是他禅风的发源地，也为后来道元思想的诞生提供了一大契机。所以须田君才对这个地方这么关心。

港监五号靠近三江口的时候，船长王忠良屹立在驾驶台指挥船员靠岸。在他的指挥下，右船舷刚好与码头平齐。靠岸的时候，我站在船头。连着船锚的巨大铁链在甲板上蜿蜒前行，发出像机关炮一般的号叫，抛锚的器械开始运转起来。这时，两条铁链中突然有一条在火花的闪烁中断开，船锚与残破的铁链一同沉入了河底。

可就连这个时候，驾驶台的王忠良船长也依然镇定自若、纹丝不动。这样威风凛凛的统帅，实在久违了。

“人啊，就应该像那样才对。”同行的畠山哲明先生也不无感慨地说。他的父亲曾经当过多年大型海船的船长，可是前几年仙逝了。也许眼前的情景使他想起了当年父亲的风姿。

我们回到了三江口的码头。说不定十三世纪的道元也在同样的地方落过脚。

---

① 如净：南宋禅宗曹洞宗僧人，曹洞宗第十三代祖。时为天童寺住持。

道元在某年的三月下旬坐上了从博多出发的商船，四月上旬到了这个港口。途中他患了痢疾，船又遭遇了暴风。好不容易在三江口靠了岸，道元又因为不知什么手续的问题，独自在船上耽搁了三个月。

而另一边，船上的商人和水手们都住进官舍各自活动去了，同行的僧人明全也上岸拜访了景福寺，还先道元一步去了天童山。年轻的道元，心里一定相当郁闷。

六月本来要进入雨季了，可这次却是接连的大晴天。

从甬江下来的第二天早晨，我拉开旅馆的窗帘，海风吹进了满屋的阳光。想那天童山的半日之旅必定十分惬意。

早上九点，我们的巴士出发了。

巴士向东行驶，距天童山大概三十五千米的车程。

镰仓、室町时期，有许多留学僧侣都曾在宁波登陆（明州）后前往拜访天童山。这当中，有两人为日本文化史添了浓墨重彩的一笔，一位是道元，另一位是画僧雪舟[①]（1420—1506）。

道元来中国时乃是南宋时期，而雪舟是1467年乘船而来的，比道元晚了二百四十年，那时已经是明代了。

室町将军与明朝政府间断断续续地进行着后世所谓的“勘合贸易[②]”。“勘合”指明朝发行的一种符契。其实就是在长二尺七寸、宽一尺二寸的纸面上拓四个字，然后把纸从中间纵向对折。宁波的



---

① 雪舟：日本画家，名等杨，又称雪舟等杨。曾入相国寺为僧，作品广泛吸收了中国宋元及唐代的绘画风格。

② 勘合贸易：明代外国来华进行朝贡贸易的一种称呼，也称“贡舶贸易”。明初实行海禁后，只允许外国与明朝廷进行有时间、地点规定的朝贡贸易。

市舶司在检查时，会将自己所持符契的右半边与日方出示的左半边相合，如能正好吻合，则证明该船是日本合法的遣明使船。

众所周知，所谓的贸易是以朝贡形式进行的。即日本将军向明朝皇帝纳贡后，明朝皇帝再对此回馈一些财物。

将军一般都选禅僧做遣明使。雪舟随船访明时的遣明使也不例外，他是信州开善寺的住持天与清启。

遣明使船不止一艘。雪舟那时搭乘的船队除了一号船公方船（将军之船）外，还有一艘细川氏的船、一艘大内氏的船，他们都是有威望的大名。船队总计三艘主船，五艘从船。

雪舟以“客人”的身份上了三号船大内船。不想途中遭遇风暴，公方船与细川船尽皆损毁，最后到了宁波的只有雪舟乘的大内船。

他上岸后，登上天童山，加入禅班，被待以禅堂首座的礼遇。也许雪舟为此深感自豪，所以回国后，有时会在作品上署名“四明[①]天童第一座”。

过去从宁波到天童山的路上会用到船运。

宁波东边的郊野是一片坦途，所以我们刚开始在这条路上没有看到下边的河川。等到进入丘陵地带开始上坡的时候，才看到下面露出的路上泛着些微的水光。

“就是那个。”中国朋友告诉我们。这附近是东吴村，道元和雪舟都是先乘船到了这里，再步行去天童山的。

从那以后巴士就一会儿上坡一会儿下坡，经过了一个又一个原野。

---

① 四明：指宁波。

终于在进入最后一个原野后，我们到了天童村。整个路程用了一个小时又十分钟。

从这里开始就是天童寺界内了，道路两旁栽着漂亮的松树。看上去老树不多，大抵是十年左右树龄的小树。这些树应该是中国政府修复天童山后，决定对外国游客开放时新栽的。

过去，这里也有气派的松林大道。

大正至昭和年间，专研中国佛教的学者常盘大定（1870—1945）先后五次亲至中国，研究佛教史迹，写下了《中国佛教史迹》一书。书中有这样一句话：

> 越丘陵入天童街，行八华里[①]见巨树成排，乃入寺域，复行约三里，幽深静谧，怡人心目。



也许道元和雪舟也曾站在道路的这头，眺望那为旅人带去树荫的松柏林。

林中有一座山门。它不似日本那种寺门，倒像个关口之门。墙面是砖砌的，上面涂了黄色的石灰浆，仿佛一个健壮的中年男子蹲坐在那里。在茂密的松林中，我们接连走过了第一道、第二道、第三道关门。

道元拜访天童寺时还是镰仓时期，那时的天童寺和现在一样称得上是宏伟，寺里还有许多高楼和宫殿。天童寺在宋代得了许多富豪的布施，拥有大量田地，可以说寺庙本身就是使役奴隶的大地主。

---

① 华里：中国古代使用的长度计量单位，一里等于五百米。

道元本是抛却了名利的禅僧，在他看来，这里“容众上千人，屋舍百余座”（《宝庆记》），豪华得简直“像皇宫”，他心中不解。可是他死后，他创建的越前永平寺也模仿了这种构造，只是面积未及天童寺的一半，现在也是如此。

寺里的建筑没有什么繁杂的装饰，十分简洁。1922 年来访的常盘大定，对此也深有所感：“这让我想起我的禅院。”这个寺庙也许是受到了杭州、绍兴等杭州湾沿岸常有的建筑风格的影响，或者也许本身就是在同一种思想下建造的。

我们在天王殿前，碰到一个黄衣老僧。他是永通法师，寺里的副住持，在这里待了四十多年。我们问他是哪里生人，他简短地回答说：“四川省。”这倒让我想起了道元的一次经历。

当初道元尚未得到拜访天童山的许可，因此独自滞留于停靠在宁波港的船中。这期间恰逢一位老僧前来买香菇，外边烈日当头，老僧是从遥远的阿育王山走来的。当时的人们都知道干香菇是倭船必定会带来的货物。关于老僧与道元的缘分，我在《越前诸道》中做过介绍，简要来说就是老僧一番话带给道元很大的启发。

那年，道元二十四岁，老僧六十一岁。老僧云游至阿育王山担任负责斋堂的典座一职。

老僧生于西蜀（四川），离开故乡已经四十年。年轻的道元惊讶不已，心想他既然已经修行了四十年之久，为何还在负责斋饭。道元于是问他为什么不专心坐禅修道。老典座听了哈哈大笑：“外国来的年轻人，看来你还不知道学问和修行是为何物呀。”

见道元没能参悟，老僧又说：“若悟不透，就来阿育王山修行吧。”说罢，老僧便去了。

道元进入天童山不久，老典座就来看望了他。

“我年岁已高，要回西蜀老家了。我听说你在天童山，所以过来看看。”

道元心生感激，又拿船中问答来请教。老典座说：“做饭和扫地也是修行，这里面也有学问。何止如此，世界万物皆道理，一切都是修行，一切都可以用来做学问。”

道元晚年仍十分感激这位萍水相逢的老典座，他写道：

> 山僧（注：指自己）聊识数字、略通辩道，彼典座之大恩也。（《典座教训》）



一袭黄衣的永通法师也是四川人，且同样修行了四十年，这使我不禁将他与上文所述老典座联系到了一起。

我们在道元所说的“前楼后阁，西廊东庑”中穿梭徘徊、举目四望，时常陷入凝思难以移步。

尤其是奉道元为师的须田君，兴奋得像个回到老家的孩子。

我们走上一段阶梯，阶梯尽头有一座大钟，它像西洋钟那样有着郁金香的外形。

用来撞钟的不是横木，而是长柄木槌模样的东西。

“撞一下吗？”中国朋友问我们。

听到此话后，以往从不主动上前的须田君率先拿起大木槌，然后像捣年糕那样将它举过头顶狠狠地向大钟撞去。

钟声响起，须田君在回荡的梵音中久久不能平静。